KB236760

세계의 名著 名作

장양수·김도희 지음

새미

머리말

대학 강단에서 교양과목과 문학을 강의하면서 우리 젊은이들의 사고가 너무 단선적, 기계적이고 틀에 갇혀 있지 않나 하는 걱정을 할 때가 많다. 그것은 단답형의 문제 풀기에 모든 것을 집중해야 하는 이 나라 대학 입시제도라든가 그에 따른 중등학교의 교육 등의 결과가 아닌가 한다. 왕성한 정신적 흡수력을 가진 나이의 젊은이들이 그런 식 문제풀기의 울타리에 갇혀 있었으니 그럴 수밖에 없었을 것이다.

그런 만큼 대학은 그들의 사고가 유연성을 가지고, 그들이 풍부한 상상력과 창의력을 가진 사람이 되게 하는 데 노력을 기울이지 않을 수 없다. 그리고 그 길은 고전을 읽는 데서 찾는 것이 가장 빠르고 효율적이지 않을까 한다. 여기에는 좋은 가이드북이 필요한데 그런 책을 찾기가 어려운 것이 우리의 현실이다. 간혹 그런 안내서가 보이기는 하나 대부분이 몇 페이지에 불과한, 지나치게 피상적인 소개에 그치고 있는 것이었다. 그래서, 학생들로 하여금 동서고금의 명저와 명작들을 소개하여 읽도록 하기 위해 좀 더 자세하고 친절한 안내서를 쓴다고 한 것이 이 책이다.

이 책의 필자는 이 책에 실린 대부분의 고전들에 대한 전문지식을 가진 사람이 아니고 필자 역시 한 사람의 독자로, 이들 고전이 어떤 의미에서 큰 가치를 가지고 있는가를 말했을 뿐이다. 그러니까 독자가, 이 책은 그냥 안내지도를 보듯 편하게 스쳐 읽고 하루 빨리 바로 그, 명저·명작 읽기를 바라는 것이 저자의 바람이다.

2006년 2월 著者 識

차 례

제1부 名著

제1부 名著

1. 一然의《三國遺事》

　　《三國遺事》를 쓴 一然은 高麗 중엽 忠烈王 때의 중으로 慶北 慶山 출신이다. 俗姓은 金氏. 普覺尊師로 불린 그는 忠烈王에게 佛法을 강했다니 말하자면 왕의 스승(王師)인 셈이다. 청년시절부터 우리 역사에 관한 자료를 수집해 온 그는 75세(1281년)에 이 책을 쓰기 시작해 만년에, 민족사에 길이 남을 이 역저를 탈고했다. 우리 민족은 기록성이 상당히 약한 편이다. 箕子가 한국인인가 중국인인가, 任那라는 일본의 통치기구가 한반도의 남쪽에 있었는가 아닌가 하는 시비가 잇따르고 있고 최근 중국이 高句麗史를 그들의 역사에 편입하려는 억지를 쓰고 있는 것도 그 원인의 일단은 우리가 우리 민족의 역사 기록을 제대로 가지고 있지 못한 데 있다. 그뿐 아니라 우리는, 상당히 장기간 존속했던 伽倻國이 정확하게 언제, 어떻게 없어졌는지도 잘 모른다. 또 보존성도 약하다. 그래서 삼국시대에도 나라마다 史官을 두고 역사서를 편찬한 것으로 알려져 있지만 모두 없어져 전하지 않고 있다. 그에 비하면 몇몇, 역사가 오랜 나라들의 기록성, 보존성은 부럽기 짝이 없다. 중국의 경우, 司馬遷은 기원전 91년에 벌써 黃帝에서 漢 武帝에

一然 (1206~1289) 高麗 忠烈王 때의 중으로 俗姓은 金씨, 一然은 그의 字다. 慶北 慶山에서 태어난 그는 僧科 과거에 급제하여 뒤에 왕에게 설법을 해 國尊으로 추대되었다.《三國遺事》는 그가 만년에 저술한 것으로 金富軾의《三國史記》와 함께 우리나라 最古의 史書로 불리고 있다.

이르기까지의 제왕들의 통치사, 제후국들의 역사, 여러 인물들의 전기, 연표, 제도사를 1백 30편에 걸쳐 기록한 《史記》를 써 오늘에까지 전해져 오고 있다. 로마의 경우도 그러해서 기원전에 카이사르가 쓴 《갈리아 戰記》는 너무 정확하고 소상하여 놀라움을 금할 수 없다.

그나마 우리에게 지금으로부터 7백여 년 전에 쓴 《三國遺事》가 있다는 것은 참으로 다행한 일이라 하지 않을 수 없다. 이 史書는 金富軾이 쓴 《三國史記》보다 1백 36년이 늦지만 그보다 훨씬 값진 역사책이다. 《三國史記》는 문장과 체제가 정연할 뿐 아니라 연대와 세부 사항이 소상하고 정확한 正史인 반면, 《三國遺事》는 기록이 난삽하고 정확성도 떨어지지만 전자보다 그 의의가 크다. 전자는 왕명에 따라 쓴, 왕권 강화를 위한 책이다. 그러므로 이 책은 역사를 통치자, 지배자의 시각에서 보고 있다. 그러다 보니 민중의 목소리, 그들의 삶이 많이 배제되어 있다. 그에 반해 후자는 개인이 쓴 私撰으로, 피지배자의 눈으로 역사를 기술하고 있다. 그래서 민중의 삶과 사상이 풍부하게 담겨 있다.

또 전자는 그 기록이 高句麗, 新羅, 百濟 삼국의 역사에 국한되어 있으나 후자는 檀君朝鮮에서부터 삼국 전후까지의 역사를 폭넓게 기록하고 있다. 그뿐 아니라 이 책은 역사·지리·문학·종교·언어·민속·사상·미술·고고학 등 문화유산 전반에 걸친 자료의 보물창고다. 이제 《三國遺事》가 가지고 있는 의의를 좀 더 구체적으로 살펴보기로 하겠다.

무엇보다 이 책은 우리 민족의 자긍심의 근거가 되고 있다. 사람이 자긍심을 가진다는 것은 중요한 일이다. 사람은 자신이 스스로를 무시한 다음에 남으로부터 업신여김을 받게 된다. 긍지와 자부심을 가지고 있는 한 아무도 그런 사람을 함부로 대하지 못하게 된다. 이 책은 우리에게 그 긍지와 자부심을 가지게 해 준다. 이 책에 실려 있는 건국신화들에 그것이 잘 나타나 있다.

《三國遺事》는 먼저 우리 민족이 고귀한 혈통을 타고났다는 것을 거듭 강조하고 있다. 이 책의 시작, 古朝鮮條는 바로 그 이야기로 되어 있다. 우리, 한민족은 天孫이라는 것이다. 桓因天帝의 아들 桓雄이 어느 날 그 아버지에게 지상에 내려가 인간 세상을 통치하고 싶다고 했다. 이에 天帝는 아들의 소원을 받아들여 天符印 3개를 주어 인간 세상으로 내려 가게 했다. 그 세 개의 天符印은 風伯(바람), 雨師(비), 雲師(구름) 세 神을 거느리는 印綬를 말한다. 桓雄은 太白山(妙香山)에 내려와 天王이 되었다고 한다. 高句麗의 개국 시조 高朱蒙은 天帝의 아들 解慕漱와 水神 河伯의 딸 柳花의 아들이다. 그러니까 그는 하늘과 물을 다스리는 존재의 자손이라는 것이다. 駕洛國의 시조 首露王은 하늘에서 내려 온, 紫色 끈에 매달린 상자 안에서 나온 알에서 태어난 것으로 되어 있다. 역시 그 또한 天人의 자손이라는 것이다. 天馬가 싣고 내려온 알에서 태어났다는 新羅 시조 朴赫居世의 경우도 마찬가지다.

이 책은 또 우리 조상의 출현 장소가 성스러운 곳이라고 하고 있다. 桓雄이 처음 이 지상에 내려와 神市를 개설한 곳은 妙香山 위, 神壇樹 아래이고 首露王이 하늘에서 내려온 곳은 龜旨峰이란 산상이다. 높은 곳은 신이 사는 신성한 곳, 곧 接神의 장소다.

그리고 그들의 탄생의 모습은 하나같이 神異하다. 檀君王儉은 桓雄이 異物, 곰과 맺어져 낳은 아들이다. 高朱蒙·首露王·赫居世는 모두 卵生 곧 알에서 태어난 것으로 되어 있다. 高朱蒙의 경우, 그 어머니 柳花가 닷 되들이 알을 낳자 나라 사람들이 상서롭지 못하다 하여 내다버렸다. 그런데 소와 말이 이를 밟지 않고 새들이 감싸 이상하게 생각하여 그 어미에게 되돌려 주었더니 그 알에서 태어난 것이 高朱蒙이라 한다. 駕洛國의 건국신화에도 그런 話素가 나온다. 金海 지방 아홉 마을의 촌장 九干이 龜旨峰에서 이상한 소리가 들려 가보니 하늘에서 상자 하나가 끈에 매달려 내려 왔다. 그 안에 아홉 개의 알이 들어 있었는데 그 중 하나에서 사내 아기가 태어났다. 그 아기는 눈에 각각 두 개씩의 동자가 있었는데 단번에 성인으로 자라 首露王이 되었다는 것이다. 新羅 시조 朴赫居世 역시 하늘에서 백마가 싣고 내려온 알에서 태어난 것으로 되어 있다. 이는 모두 우리의 조상이 범상한 인간이 아니었다고 해 신성불가침의 권위(charisma)를 부여하고 있다고 보아야 할 것이다.

《三國遺事》는 또 우리 조상이 異蹟을 행했다고 하고 있다. 檀君神話만 해도 그러해서 檀君은 1천 5백년 동안 朝鮮을 다스린 다음 1천 9백년을 살고 山神이 되었다 한다. 그 중에서도 高朱蒙 신화는 특히 재미있는 것이다. 高朱蒙은 자라면서 모든 면에서 뛰어났는데, 일곱 살이 되었을 때는 활과 화살을 만들어 쏘면 백발백중하는 명궁이 되었다. 이에 위협을 느낀 北扶餘 왕실은 그를 죽여 후환을 없애려 했다. 이를 미리 안 그 어머니가 그에게 이 나라를 떠나 목숨을 보전하라고 했다. 이에 그는 烏伊 등 친구 세 명과 함께 말을 타고 그 나라를 탈출했다. 이를 안 北扶餘의 왕자 帶素가 기병을 이끌고 추격해 왔다. 쫓겨 달아나고 있던 일행 앞에 淹水가 가로막아 네 사람은 절체절명의 위기에 처하게 되었는데 이 때 高朱蒙이 목숨을 구하게 해 달라고 하늘에 기원했다. 그러자 고기와 자라가 나타나 다리를 놓아 강을 건너게 한 다음 어디론가 사라졌다. 이리하여 그들 일행은 무사히 위기를 넘기고 더욱 남쪽으로 내려가 高句麗를 세웠다 한다.

《三國遺事》는 우리가 강인한 조상의 후예라고 하고 있는데 檀君神話만 보아도 그것을 알 수 있다. 어느 날 桓雄 앞에 곰과 호랑이 한 마리가 나타나 사람이 되게 해 달라고 했다. 桓雄은 그들에게 쑥 한 자루와 마늘 20개를 먹으면서 1백일 간 햇빛을 보지 말고 21일을 忌(근신)하면 사람이 되게 해 주겠다고 했다. 그런데 호랑이는 이를 지키지 못했고 곰은 시키는 대로 해 여자가 되어 桓雄과 맺어져 우리의 조상 할머니가 되었다 한다. 이 이야기에서의 쑥과 마늘은 특별한 의미를 띤 것이다. 마늘은 맛이 매워 한자 한 글자로 표현하자면 「辛」자가 된다. 또 쑥은 그 맛이 써서 「苦」자로 표현할 수 있다. 그러니까 결국 마늘과 쑥이란 「辛苦」 곧 쓰라림, 고통스러움을 의미한다. 熊女가 마늘과 쑥만 먹고 어둠 속에서 근신을 한 것은 그가 자기 극복(克己)을 했다는 것을 말한다. 진정한 강자는 자기를 이긴 사람이다. 우리 신화가 말하고 있는 그대로 우리 민족은 세계 어느 민족보다 강인하다. 우리는 중국이라는 세계적인 대국과 일본이라는 유례 없는 호전적인 나라 사이에 살면서도 수천 년을 나라와 민족을 지켜 왔다. 중국의 隋나라와 唐나라는 아시아 전역을 제패하고도 高句麗에는 번번이 패퇴하지 않을 수 없었다. 우리는 蒙古의 무력에 졌지만 1백여 년 그들의 지배를 받으면서도 우리의 문화, 국가, 민족의 정체성을 그대로 지켜 왔다. 또 壬辰倭亂은 한민족 최대의 위기였지만 그 전후에 柳成龍·李恒福·李德馨·西山大師·四溟大師·李滉·李珥·李舜臣 같은 정치가, 종교지도자, 학자, 武將이 나타나고 온 민족이 나서 이를 극복해냈다.

《三國遺事》가 전해 주고 있는 위와 같은 신화를 들으면서 살아온 한 민족은 세계 어느 민족보다 자존심이 강하다. 한 인류학자는 민족마다 참지 못하는 것이 있는데 그것을, 미국은 명령 불복종, 일본은 배신이라고 하고 한민족의 경우는 인격적 모욕이라고 한 바 있다. 이것은 바로 우리 민족이 자존심이 얼마나 강한가를 객관적인 시각에서 본 것이라 할 수 있다. 그리고 그 바탕에는 《三國遺事》와 같은 우리 민족의 내력을 말해 주는 고전 역사서가 있다는 것을 잊지 않아야 할 것이다.

《三國遺事》는 또 우리 문학사의 두께를 크게 두텁게 해 주었다는 점에서 의의를 찾을 수 있다. 이 책에는 鄕歌 14수가 실려 있는데 이 노래들로 인해 우리 문학의 역사가 삼국시대까지로 거슬러 올라갈 수 있게 되었다. 高麗 시대에도 우리 문학은 상당히 찬란하게 꽃피었던 것으로 보인다. 그러나 朝鮮 시대에 高麗 대의 많은 우리 문학 작품이 유학자들의 손에 의해 없어져 버렸다. 그 시대의 참다운 우리 문학 작품은 민중의 애환을 그린 것이었다. 그러나 유학자들은 그 시대의 문학을 정리하면서 그 노래들이 남녀간의 사랑을 읊은, 저속한 男女相悅之詞라 하여 없애 버린 것이다. 그것은 큰 잘못이었다. 당대에는 저속하게 보인 노래들도 오랜 세월이 흘러 고풍스럽다고 생각되면 문예물로서의 가치를 가지게 된다. 지금의 유행가들도 수백 년이 지나고 나면 이 시대 사람들의 생활과 감정을 보여주는 소중한 문화유산이 되는 것이다. 그런데도 그들은 좁은 안목으로 그들의 취향에 거슬린다 하여 그 노래들을 폐기해 버린 것이다. 그래서 지금에 전해지고 있는 그 시대 민중의 노래, 高麗 俗謠는 〈井邑詞〉〈가시리〉 등 수 편이 있을 뿐이다. 그 나머지 高麗 가요는 사대부들의 사고방식, 취향을 보여주는 지배계층의 노래인 別曲體, 景幾體歌가 있을 뿐이다. 〈翰林別曲〉으로 대표되는 이 노래들은 엄밀히 말해 지식층의 언어유희에 불과한 것으로 俗謠들에 비해 문예작품으로서의 가치가 크게 떨어지는 것들이다. 만약 鄕歌가 없었다면 진정한 우리 문학사는 歌辭와 時調가 본격적으로 출현한 朝鮮 초까지로 후퇴해야 했을 것이다. 그런데 참으로 다행하게도 鄕歌가 《三國遺事》에 실려 오늘에 전해지고 있는 것이다. 덕분에 6백 년쯤에 머물고 말 뻔한 우리 문학사의 두께가 1천 수백 년이 되게 된 것이다. 물론 鄕歌는 《三國遺事》에만 실려 있는 것이 아니고 25수 중 11수는 《均如傳》에 실려 있다. 그러나 그 책에 실려 있는 鄕歌, 〈普賢十願歌〉는 단순한 불교 노래로 《三國遺事》에 실려 있는 것에 비해 그 의미가 극히 미미한 것이다. 《三國遺事》의 鄕歌는 우선 그 장르가 다양하고 문학성이 상대적으로 뛰어나다. 女信徒 希明이 지은 〈禱千手觀音歌〉는 불도를 깨닫기를 기원하는 佛歌요, 忠談師가 지은 〈安民歌〉는 왕과 신하, 백성이 각각 제 소임을 다해 나라를 태평하게 하라는 유교적 성격이 강한 노래다. 그리고 중 良志의 노래 〈風謠〉는 불상을 만들 때 진흙을 운반하면서 부른 노동요이고, 處容이 지은 〈處容歌〉는 疫神을 쫓는 무당의 노래, 巫歌다. 〈彗星歌〉는 동해에 살별이 나타나 나라에 변괴가 생길 것이 우려 되자 融天師가 지어 불러 그 별이 사라지게 했다고 하는 노래인데 軍歌일 것이라고 보고 있다. 鄕歌에는 수편의 서정시도 있다. 得鳥谷이 竹旨郎을 흠모하여 지었다는 〈慕竹旨郎歌〉 같은 노래가 그 예다. 또 百濟의 薯童(뒷날의 武王)이 어린애들에게 마(薯)를 주어 부르게 했다는 〈薯童謠〉는 동요다. 위와 같이 향가는 그 장르가 다양할 뿐 아니라 시로서의 작품성도 뛰어나다. 그 중에서도 忠談師의 〈讚耆婆郎歌〉 같은 노래는 세계에 내놓고 자랑할 만한 주옥과 같은 서정시이다.

《三國遺事》는 또 說話文學의 보고다. 여기에는 죽기를 두려워하지 않고 새끼를 지키려는 꿩을 차마 잡지 못하고 있는 매를 보고 지었다는 절, 靈鷲寺의 유래, 마을을 돌아다니면서 바가지를 들고 춤을 추었다는 고승, 元曉의 전설이 실려 있다. 그 밖에도 歲時風俗의 유래 같은 것도 실려 있다. 新羅에서는 매년 정월 보름날을 烏忌日이라 하여 찰밥을 해 제사를 지냈다. 炤知王 때 왕이 나들이를 나갔는데 까마귀가 울면서 길 안내를 해 따라가니 한 노인이 封書를 주었다. 겉봉에 봉투 안의 글을 읽으면 두 사람이 죽고 읽지 않으면 한 사람이 죽는다고 쓰여 있어 왕이 봉투를 떼어 보지 않으려 하니 日官이 두 사람은 백성이고 한 사람은 왕을 뜻하니 떼어 보아야 한다고 했다. 그 말에 따라 봉투를 뜯어보니 그 안에 '射琴匣(거문고 집을 쏘아라)' 이라고 쓰인 글이 들어 있었다. 왕이 궁으로 돌아와 금갑을 쏘니 그 안에 내전의 중과 궁녀가 숨어 있다 죽어 있었다. 그 후로 매년 정월 첫 午日(午日은 干支 상 말(馬)의 날이다. 까마귀(烏) 날이 없으니 烏와 같은 음인 이 날을 택한 것으로 보인다.)에 까마귀에 감사하고 항상 삼가 조심할 것을 다짐한다 하여 烏忌日(삼가고 조심하는 까마귀 날)로 정했다는 것이다. 이 책을 보면 또 지명의 유래도 알 수 있다. 憲康王이 蔚山 해안에 유람을 갔는데 갑자기 대낮에 구름이 자욱하여 길을 찾을 수 없었다. 日官이 이는 동해 용의 조화이니 마땅히 용을 위로해 주어야 한다고 했다. 왕이 용을 위하여 근처에 절을 지으라고 하니 곧 구름이 개었다. 이것이 지금의 蔚山 開雲浦의 지명 유래다.

또 한 가지, 《三國遺事》에 실려 있는 시가와 설화들은 우리 문학의 원천이 되고 있다. 이 책 말미의 「貧女 養母條」는 古小說 〈沈淸傳〉의 원천 텍스트가 되고 있다. 新羅 眞聖王 때 孝宗花郞이 화랑과 낭도들의 포석정 놀이에 늦게야 도착했다. 사람들이 그 까닭을 물으니 도중에 한 모녀의 슬픈 사연을 보게 되어 그냥 올 수가 없었다고 말했다. 스무 살 난 한 처녀가 눈먼 어머니를 모시고 살고 있었는데 어머니를 잘

봉양하기 위해 부잣집의 종으로 팔려 갔다. 그 어머니가 "전에는 거친 음식을 먹어도 달았는데 요즘은 맛난 음식을 먹는데도 속이 쓰리니 어찌 된 일이냐?"고 물어 딸이 사실대로 말해 둘이 슬피 울고 있더라는 것이다. 이를 들은 왕은 딸의 효성이 갸륵하다 하여 쌀 5백 석과 집 한 채를 내려 그 효성을 기렸다 한다. 그 이야기가 후에 〈沈淸傳〉이 되었다고 볼 수 있다. 이는 패스티쉬(pastisch) 곧 模作이다. 또 현대의 작가 蔡萬植의, 한 소녀가 무능한 부모를 위해 女工으로 팔려가 병을 얻어 죽어간다는 이야기의 단편 〈병이 낫거든〉은 〈沈淸傳〉을 모방하면서 약간 變換한 패러디다.

鄕歌 〈老人獻花歌〉는 金素月의 〈진달래꽃〉의 모태가 되고 있다. 新羅 聖德王 때 純貞公이 江陵 太守로 부임해 가다가 바닷가에서 점심을 먹게 되었다. 그 때 공의 부인 水路가 1千丈(1丈은 3m) 높이의 절벽 위에 피어 있는 躑躅花(철쭉꽃)를 따 달라고 했다. 從者들이 너무 높아 어렵다고 하자 소를 몰고 가던 한 노인이 "자주 빛 바위 가에 잡은 손 암소 놓고 날 아니 부끄러이 하려든 꽃을 꺾어 바치오리다."라고 노래한 다음 꽃을 꺾어다 바쳤다. 노인은 늙은, 이름 없는 村夫로 水路부인으로부터 되돌아오는 사랑을 바랄 수 없는 사람이니 그의 사랑은 짝사랑(one way of love)이다. 이런 散花功德의 문학 전통이 후대에 〈진달래꽃〉에 이어져 있다. 나 보기가 역겨워 가는 사람에게 가슴에 안기까지는 바랄 수 없고, 밟고 가기를 바라면서 진달래꽃을 꺾어 뿌린다는 시 정신이 바로 〈老人獻花歌〉와 그 맥을 같이 하고 있는 것이다.

이상에서 살펴 본 바와 같이 《三國遺事》는 여러 가지 의미에서 우리 민족의 혼이 응집되어 있는 귀한 책이라 해야 할 것이다.

2. 그리스·로마 神話

　신화란 황당무계한 것처럼 보이는 것이 없지 않지만 절대로 허황한 이야기가 아니다. 그것은 태초에 일어난, 신성한 역사 이야기로 종교의 경전과 같은 성격을 띤 것이다. 왜냐하면 신화는 인간과 우주를 백과사전적으로 설명해 주기 때문이다. 거기에는 우주와 신, 인류와 문화의 기원이 담겨 있고 그것은 인간에게 마르지 않는 샘처럼 여러 가지 의미에서의 원천이 되고 있기 때문이다.

　그런데 그, 신화가 오늘날에 와서 전에 없이 많은 관심과 주목을 받고 있다. 그것은 현대인들이 갈수록 더 심한 불안에 휩싸이고 있고 세계와 인류에 대한 위기의식을 가지게 된 때문으로 보인다. 20세기 이후 핵무기의 발명과 사용, 그리고 그것의 확산, 환경의 악화와 같은 것이 불안과 위기의식을 불러일으키는 주된 원인으로 보인다. 인류는 과거 무수한 위기에 직면했으나 그 때마다 그것을 극복해 왔는데 그 극복의 방법은 한마디로 문화였다. 그런데 문화의 가장 깊은 근원이 되어 온 것이 바로 신화였다. 사람은 방향을 잃게 되면 출발점으로 되돌아간다. 마찬가지로 오늘의 인류는 이 위기의 시대의 해법을 인간 문

그리스·로마 신화를 정리한 책으로는 Larousse의 Mithologie générale와 F. Guirand · A. V. Pierre 공저 Roman Mythology, Robert Graves의 The Greek Myths 등이 유명하다. 우리나라 것으로는 康鳳植이 편역한 《그리샤·로오마 神話(乙酉文化社, 1962)》가 널리 읽히고 있다.

화의 근원, 신화에서 찾고자 하고 있는 것이다.

세계에는 무수한 신화가 있지만 그 중에서도 가장 체계가 잘 잡혀 있는 것은 그리스·로마 신화라 할 것이다. 그런데 말은 그리스·로마 신화라고 하지만 사실은 그리스 신화라고 해도 좋을 것이다. 로마 신화라는 것은 기실 그리스 신화를 거기에 등장하는 신, 사람의 이름만 로마 식으로 고쳐 놓았을 뿐, 이야기는 그리스 신화, 거의 그대로이기 때문이다. 다시 말하자면 로마 신화는 그리스 신화의 연장, 윤색에 불과한 것이다.

그리스 신화는 정연하게 짜인 신의 족보를 중심으로 한 그 웅대한 스케일과 기상천외한 사건들이 경이로우면서도 재미있다. 그러나 이 신화가 놀라움, 재미에 머물고 있는 것은 결코 아니다. 무엇보다 이 신화에 등장하고 있는 사건, 이야기들은 세속적인 교훈을 주고 있다는 점에서부터 그렇다. 몇 가지 좋은 예를 들 수 있는데 먼저 그리스 연합군의 장군 아킬레스의 전사 같은 데서도 그것을 얻을 수 있다. 아킬레스의 어머니 데티스는 그를 낳자 그를 '죽지 않는 몸'으로 만들고자 했다. 그래서 그녀는 아기를 지옥의 스튁스 강물에 담가 이후 그가 어떠한 상처를 입어도 죽는 일이 없도록 했다. 그러나 그 때 그녀가 아킬레스의 발목을 잡고 그 몸을 물에 담갔기 때문에 그 곳만은 물이 묻지 않았다. 그러니까 그의 몸은 전체가 불사신의 그것이 되었지만 발목만은 상처를 받고 또 그로 인해 죽을 수 있는 인간의 몸 그대로였다. 그는 불사의 神將으로 무수한 결전에서 한 번도 패하지 않고 부상을 당하지도, 죽지도 않았다. 그는 트로이전쟁에 참전해 적장 헥토르를 죽여 결국 트로이가 그리스 연합군에 패망하게 되는 결정적인 계기를 만들었지만 트로이의 왕자 파리스가 쏜 화살에 그, 발목을 맞아 죽었다. 이 신화는 흔히 '아킬레스筋'이란 이야기로 일견 '완전, 완벽하게 보이는 사람에게도 약점은 있다'는 가르침을 준다.

　수선화의 기원신화 나르시스 이야기는 인간의 자만, 자기도취를 경계하는 것이다. 뛰어나게 아름다운 청년 나르시스는 어릴 때 점쟁이로부터 자신의 얼굴을 보면 죽게 될 것이라는 점괘를 받았다. 그런데 그는 어느 날 물을 먹으려고 샘 위에 엎드렸다가 물에 비친 자신의 얼굴을 보고 말았다. 그는 자신의 아름다운 용모에 반해 그 샘을 떠나지 못하고 계속 그 곳에 있다가 결국 말라죽고 말았다. 그 후 그 곳에 그의 넋이 꽃이 되어 피었는데 그것이 수선화라는 것이다.

　에코(메아리) 이야기도 재미있는 것이다. 妖精 에코는 제우스 大神의 아내 헤라 女神의 시중을 들고 있었는데 수다가 유달리 심했다. 어느 날 헤라 女神은 바람둥이 남편 제우스가 또 누구를 만나러 가는지를 감시하고 있었다. 그런데 에코가 뭐라고 종알거리는 소리에 정신이 헷갈려 제우스 大神의 행방을 놓쳐 버리고 말았다. 화가 난 헤라 女神은 그 순간부터 에코로 하여금 말을 하지 못하게 만들었다. 女神은 그러고 나서 보니 또 너무 가혹했다고 생각했던지 그녀로 하여금 다른 사람이 말을 하고 나면 그 뒤만 따라 할 수 있게 해 주었다. 그 뒤 에코는 미남 청년 나르시스를 만나 사랑을 고백하려 했으나 말이 안 나와 사랑을 할 수 없었다. 이를 슬퍼한 에코는 산 속 동굴에 들어가 울다가 죽고 말았다. 그래서 지금도 우리가 산에 올라 소리를 지르면 妖精 에코가 그 소리의 뒤를 따라 하는데 그것이 산울림이라 한다. 이 에코 이야기는 많은 말은 화를 부른다는 가르침을 주는 것이다.

　트로이의 왕녀 카산드라 이야기는 한 번 한 약속은 어떤 일이 있어도 지켜야 한다는 교훈을 주는 것이다. 트로이왕 프리아모스의 딸 카산드라의 미모에 반한 아폴론신은 그녀에게 예언력을 준다는 조건으로 그녀로부터 사랑의 약속을 받았다. 그러나 예언의 능력을 받은 카산드라는 마음이 변해 자신을 다 주기를 거부하고 키스만 허락했다. 아폴론신은 분했지만 이미 주어 버린 예언력은 거두어들일 수 없었다. 신은 그 대신 그녀의 예언에서 설득력을 앗아 버렸다. 그래서 그녀는 앞 일을 불을 보듯이 환히 내다보았지만 아무도 그녀의 말을 믿으려 하지 않았다. 그녀의 오빠, 파리스 왕자가 스파르타의 왕비 헬레네와 사랑에 빠져 그녀를 트로이로 데리고 왔을 때 카산드라는 거듭 왕비를 돌려주지 않으면 트로이가 망하게 될 것이라고 했지만 누구도 그 말을 믿지 않았다. 결국 트로이는 그녀의 예언대로 그리스 연합군에 의해 멸망하고 말았다 한다. 그리고 그녀의 죽음도 그 예언력의 상실로 인한 것이었다. 트로이가 패망한 뒤 그녀는 미케네의 왕 아가멤논의 첩이 되었다. 그녀는 전쟁이 끝난 후 왕과 함께 미케네로 갔는데 왕궁 앞에서 저주의 피냄새를 맡고 왕에게 안으로 들어가서는 안 된다고 했으나 왕은 부질없는 말 말라면서 그대로 들어갔다가 왕비와 그녀의 姦夫에 의해 살해되고 말았다. 그리고 카산드라도 곧 그들의 손에 최후를 맞고 말았다.

　그러나 신화가 우리에게 가지는 의미는 이상과 같은 단순한 재미나 소박한 교훈을 준다는 데 있는 것만은 아니다. 이제 그리스 신화를 중심으로 그 세계가 어떤 성격을 띤 것인지를 살펴보기로 하겠다.

[1] 宇宙와 人類의 기원

　　헬레니즘에 바탕을 둔 그리스 신화의 천지창조 이야기는 헤브라이즘적인 유대교에서 그리스도교로 이어진 《舊約》의 그것과 뚜렷하고 현격한 성격적 상이성을 보여 준다. 성경에 의하면 유일신 여호와가 천지만물을 창조한 것으로 되어 있다. 곧 우주 삼라만상은 모두 창조주 하나님의 피조물이요, 하나님은 모든 것의 원인이라는 것이다. 그에 반해 그리스 신화에 있어서는 모든 것이 어떤 존재의 피조물이 아니라 스스로 생겨나고 분화한 것이다.

　　B.C. 8세기 경 그리스의 서사시인 헤시오도스가 쓴 《神族譜》에 나타나 있는 創世神話는 다음과 같다. 먼저 무한히 넓은 공간, ‘입을 쩍 벌린’ 카오스가 있었고 그 다음에 ‘가슴팍이 넓은’ 大地, 가야가 나타났다. 그에 이어 열매를 맺게 하고 결합과 생성의 힘을 가진, 사지를 나른하게 하는 사랑, 에로스에 의해 만물이 생겨났다. 또 이 때에 카오스로부터 어둑한 에레보스와 밤, 뉙스가 생기고 이 어둑함(幽暗)과 밤이 교합하여 蒼空, 아이테르와 낮, 헤메라를 낳았다. 한편 大地, 가야女神은 먼저 별이 총총한 天空 우라노스를 낳아 이를 자기 못지 않게 웅대하게 만들어 자신을 덮게 하고 다시 높은 산과 잔잔한 바다를 만들었다. 이상이 곧 고대 그리스인들의 우주 생성론이다. 여기서 주목할 만한 것은 우주가 어떤 초인적인 존재가 만든 것이 아니고 카오스(chaos=混沌)에서 스스로 생겨났다고 하고 있다는 사실이다. 곧 천지창조 이전의 우주는 어둠과 혼돈만이 가득했을 뿐, 형체가 있는 것은 아무 것도 없었다는 것이다. 그리스 신화는 그 혼돈을 原質로 하여 하늘과 땅, 산과 바다가 생겨났다고 하고 있다. 그러니까 혼돈은 무질서,

혼란이 아니라 만물의 근원이요 생명과 창조력의 합일체라는 말이 된다. 이와 같은 創世論은 오늘날 우주과학자, 천문학자들의 학설과 놀라울 정도로 일치하고 있다. 과학자들은 최초에는 우주에 단지 수소와 헬륨을 함유한 가스 구름만이 가득했다고 하고 있다. 이는 곧 그리스 신화에서의 카오스 바로 그것이라 할 수 있다. 그 암흑 속의 입자들이 모여서 별이 되고 그 별이 살아가는 동안 진화를 거듭하면서 무거운 원소들이 만들어져 오늘날 우리가 살고 있는 지구며 태양계를 비롯한 별들이 만들어졌다는 것이다. 그리고 그 별들이 星雲을 이루고 은하가 되어 우주가 되었다고 하고 있다.

그러니까 그리스 신화에 있어서의 創世論은 현대의 우주과학자, 천문학자들의 학설과 맥락을 같이 하고 있으면서 그리스인들의 자연발생적, 내재적, 인간 중심적 세계관, 우주관을 보여 주는 것이 되는 것이다. 그와 같은 그리스인들의 생각은 뒷날 르네상스 시대에 이어져 오늘날과 같은 인본주의 사상의 발원이 되고 있다 할 것이다.

인류의 기원신화에 있어서도 그리스 신화에서는 創世 이야기와 같은 사상을 발견할 수 있다. 우선 그것이 헤브라이즘 사상과 거리가 멀다는 것을 특징으로 들 수 있다. 성경은 하나님이 흙(adamah)으로 남자, 아담을 만들고 거기에 자신의 입김을 불어넣어 사람이 되게 한 다음 그 남자의 늑골을 뽑아 여자를 만들었다고 하고 있다. 그러니까 인간의 육신은 흙이고 영혼은 신의 입김이라는 것이다. 그래서 사람이 죽으면 그 육신은 다시 흙으로 돌아가고 영혼은 하나님에게로 되돌아 간다고 한다. 인류 탄생의 신 원인설은 다른 종족의 신화에서도 흔하게 볼 수 있다. 자바 섬 사람들이 이야기하는 인류의 기원도 약간 다르면서도 성경의 그것과 유사하다. 그들은 신이 진흙을 개어 최초의 인간, 남자를 만들었다고 한다. 그런데 그 때 신이 깜박 잊고 남자를 만드는 데 흙을 다 써버리고 말았다. 신은 하는 수 없이 다른 재료들을 모아 여자를 만들었다. 거기에 쓰인 재료는 달의 圓融함, 보리의 부드러움, 제비의 날씬함, 바람의 종잡을 수 없음 같은 것들이라 한다.

중국의 신화에 있어서도 신 창조 이야기는 마찬가지로 등장하고 있다. 중국 사람들은 女神 女媧가 처음으로 인간을 만들었다고 이야기한다. 곧 女媧神은 황하 유역의 황토로 인간을 한 사람씩 만들었다는 것이다. 그러다가 일일이 한 사람씩 만들려니 일이 너무 많다고 생각한 女神은 새끼줄 같이 생긴 덩굴에 진흙을 듬뿍 묻혀 산 위에서 사방으로 흩뿌려 한 점, 한 점의 흙이 각각 사람이 되게 했다는 것이다. 그래서 손수 만든 인간은 지배자, 貴人이 되고 흩뿌려 양산한 사람은 피지배자, 천민이 되었다 한다. 이 신화는 인간이 신의 被造物이라는 사상은 물론 귀천까지 생래의 운명이라 하여 민중에게 체념을 심어주는 것이라는 점에서 눈길을 끄는 것이다.

그리스 신화에도 신이 인간을 만들었다는 이야기가 있다. 한 신화에 의하면 올림포스산에 사는 신이 최초의 인류, 황금인종을 만들었다 한다. 크로노스신 치세에 산 이 인간들은 신들처럼 아무 근심도 모르고 일도 안 하고 도토리 등 야생과일과 나무에서 흐르는 꿀, 양과 염소의 젖을 먹으며, 언제까지나 늙지 않고 춤추고 웃으며 살았다 한다. 그러나 그리스 신화 전체를 살펴볼 때 인류의 시작에 관한 정설은 없다는 것이 신화학자들의 견해다. 康鳳植이 편역한 《그리샤·로오마神話》는 그리스인들은 인류가 대지에서 자연히 생겼다고 생각한 것 같다고 하고 있다. 헤시오도스의 시에서 보아도 대체로 인류는 자연히 생긴 것으로 나타나 있는데 다만 여자만은 인간에게 재앙을 주기 위해 제우스

大神이 만든 것으로 되어 있다. 이는 결국 인류가 여러 신들과 마찬가지로 母神, 大地에서 생겨났다는 말이 되니까 그리스인들은 인간은 신과 동족이라고 보았다는 이야기가 된다. 또 그리스 각 지방에 구전되어 오는 설화들을 보아도 그 지방, 그 나라의 시조는 대체로 大地의 아들이거나 신들과의 결혼으로 태어난 사람이라고 하고 있다.

위와 같은 인류 기원설도 오늘날 과학자들의 학설과 상통하는 데가 있다. 학자들은 최초에 우주에는 무기물만이 존재했으나 물기가 있는 그 무기물에 벼락이 떨어지는 등 충격으로 단백질이 생기게 되고 그것이 진화하여 미생물을 거쳐 고등동물로, 다시 거기서 인간이 되었다는 학설을 펴고 있기 때문이다. 여기서도 우리는 그리스인들이 아득한 옛날부터 인본주의 사상을 가지고 있었음을 유추할 수 있다. 특히 그들이 인간과 신의 결혼 이야기를 통해 인간을 신과 대등한 자리에 앉혀두고 있는 데에 그것이 잘 나타나 있다.

[2] 文化의 起源

인간은 태초 이래 많은 위기를 맞고 그 때마다 그것을 극복해 왔다. 인류가 최초로 맞은 위협은 맹수·맹금들로부터의 그것이었다. 인간은 다른 동물들에 비해 공격력과 방어력, 번식력이 상대적으로 약하다. 코끼리의 육중한 몸, 표범의 날쌔고 날카로운 발톱, 독수리의 비상과 같은 특성이나 능력도 없고 그렇다고 초파리와 같은 왕성한 번식력도 없다. 그런데 그와 같은 맹수·맹금류들로부터 자신을 지키고 그것들을 食物로 삼으며 오늘날까지 절멸하지 않고 지구상에 번성할 수 있은 것은 인류가 문화를 가지고 있었기 때문이다. 그 문화를 대표하는 것이 곧 불이다. 문화인류학자들은 현재까지 알려진 바로는, 인간이 최초로 불을 사용한 것은 50만 년 전 北京猿人들이었다고 한다. 그 때부터 인간은 연기로 동굴 속의 동물들을 내쫓고 그 곳을 주거로 삼았으며 불로 맹수들을 격퇴했을 뿐 아니라 철광석을 녹여 청동과 쇠로 무기를 만들어 모든 동물을 제압할 수 있었다. 또 불을 사용하여 조리를 함으로써 食物의 범위가 크게 늘어나게 되었으며 익혀 말림으로써 음식물을 장기간 저장할 수 있게 되어 餓死의 위협으로부터도 벗어날 수 있었다.

그리스 신화에 있어서도 문화 기원신화 중 가장 중요한 것은 불에 관한 것이다. 헤시오도스의 《神族譜》에 실려 있는 불에 관한 신화는 다음과 같다. 펠로폰네소스 반도의 동북단 메코네市에서 제사를 지낼 준비를 하고 있을 때, 제우스 大神을 비롯한 올림포스의 신들에게 어떤 祭物을 바칠 것인가를 두고 의견이 분분했다. 그 때 프로메테우스가 조정에 나서서 논의를 일단락 지었다. 그는 큰 소 한 마리를 잡게 해 두 몫으로 나누었다. 그 중 한 쪽은 맛있는 살코기를 가죽에 싸서 그 위에 누구나 먹기를 즐겨하지 않는 곱창을 덮어 씌워 놓고 다른 한 쪽은 뼈를 모아 놓고 그 위에 먹음직해 보이는 비계를 덮어 두었다. 그러고는 제우스 大神에게 먼저 어느 쪽이든 한 몫을 취하라고 했는데 신은 한 눈에 맛있어 보이는 비계를 씌운 쪽을 고르고 다른 쪽은 인간이 가져다 먹으라고 했다. 자기 몫을 가지고 가 풀어 헤쳐 본 大神은 자신이 프로메테우스에게 속았다는 것을 알고 大怒했다.(이 일이 있은 후 그리스에서는 제사 때 신에게는 언제나 뼈에 기름을 발라 구워서 바쳤다 한다.) 그러지 않아도 날로 타락해 가는 인간들을 못마땅하게 생각하고 있던 大神은 그 일을 계기로 혼을 내주기로 했다. 그래서 인간들로부터 불을 빼앗아 버렸다. 맛있는 것을 먹이려다가 도리어 인간들을 큰 곤경에 처하게 만든 꼴이 되어버린 프로메테우스는 어떻게 해서든 인간들에게 불을 되돌려 주어야겠다고 생각했다. 그는 어느 날 茴香나무 가지 하나를 들고 天上으로 올라가 거기에 불을 훔쳐 붙여가지고 와 인간에게 주었다. 이 때 프로메테우스가 불을 훔친 경위에 대해서는 몇 가지 이야기가 있다. 大神의 왕궁 부엌에서 훔쳤다고도 하고 大神의 벼락에서 옮겨 붙였다고도 한다. 그밖에도 火神 헤파이토스의 대장간에서 훔쳤다거나 太陽神의 마차 바퀴에 심지를 갖다 대어 불을 붙여왔다는 설도 있다.

大神의 벌로 파멸에 직면해 있던 인류는 프로메테우스 덕분에 다시 불을 얻어 야만 상태에서 벗어나 안락한 문명 생활을 할 수 있게 되었다. 이 사실을 안 大神은 자신의 권위에 도전해 온 프로메테우스를 더 이상 용서할 수 없다고 생각했다. 그래서 大神은 권력의 신, 크라토스와 폭력의 신 비아를 시켜 그를 붙들어 인적 없는 광야의 끝, 코카사스 산상의 큰 바위에 쇠줄로 묶어 두게 했다. 大神의 벌은 거기에서 끝나지 않았으니 낮이면 독수리가 날아와 그의 간을 파먹게 했다. 그런데 프로메테우스로서는 끔찍스럽기 짝이 없는 것이, 밤이면 파먹은 간이 다시 돋아나 매일, 낮이면 또 다시 간을 파 먹히는 고통을 당해야 한 것이다. 그는 뒷날 大神의 화가 누그러져 헤라클레스로 하여금 쇠줄을 풀어 주게 할 때까지 3만 년 동안 그와 같은, 죽음보다 더한 고통을 당해야 했다.

프로메테우스에게 그와 같은 징벌을 내린 大神은 도둑질해 온 불을 좋아라고 받아 쓴 인간에게도 벌을 내리기로 했다. 大神은 대장장이

헤파이토스신을 불러 진흙을 개어 사람 형상을 만들고 거기에 인간의
목소리와 힘을 불어넣게 했다. 그렇게 하여 어느 女神 못지 않게 아름
다운 한 처녀가 만들어졌다. 大神은 또 아테나 女神으로 하여금 그녀
의 몸치장을 해 주게 했다. 이에 女神은 은으로 옷을 지어 입히고 머리
에는 아름다운 수를 놓은 면사포를 씌웠다. 그밖에도 헤파이토스신은
정교하고 으리으리하게 만든 금관을 씌우고 미와 사랑의 女神 아프로
디테는 사람의 간장을 녹이는 교태와 속 타는 그리움, 몸을 노긋하게
만드는 시름을 주고 傳令神 헤르메스는 그 위에, 염치없는 마음씨와
교활한 성격을 부여했다. 大神은 그녀에게 '모든 선물을 합친 여인' 이
라는 의미의 '판도라' 라는 이름을 붙여주었다. 이렇게 하여 남자만의
세상에 처음으로 여자가 나타났다. 大神은 이 처녀를 프로메테우스의
동생 에피메테우스에게 데려다 주라고 했다. 프로메테우스는 大神의
의중을 미리 읽고 동생에게 大神이 주는 선물은 무엇이든 절대로 받지
말라고 당부해 두고 있었다. 그러나 그의 이름의 의미, '뒤에야 아는'
에피메테우스는 판도라의 미모에 한 눈에 반해 형의 말도 잊어버리고
그 아름다운 선물을 받았다. 판도라는 여러 신들이 준 선물이 든 상자
하나를 가지고 왔었는데 굳게 봉해진 그 상자는 절대로 열어서는 안
되는 것으로 되어 있었다. 보아서는 안 된다고 하면 더욱 보고 싶은 인
간의 속성을 지닌 판도라는 궁금증을 참다못해 어느 날 살짝 그 뚜껑
을 열어 보았다. 그러자 상자 안으로부터 연기 비슷한 것이 밖으로 나
와 사방으로 흩어졌다. 그것은 온갖 질병과 재앙이었다. 깜짝 놀란 판
도라가 상자 뚜껑을 다시 닫았을 때는 안에 있던 것이 모두 다 나온 뒤
였다. 다만 제일 밑바닥에 있던 '희망' 만이 미쳐 빠져 나오지 못하고
그대로 들어 있었다. 그래서 그 때까지 어떤 질병도, 노쇠도, 재앙도

모르고 살아온 인류는 그 후 끝없는 고통에 시달리면서 살아야 했다. 그래도 인간이 그러한 생을 견디며 살고 있는 것은 그나마 희망을 가지고 있기 때문이라 한다.

이 신화에서의 불은 인간에게 복리를 주었으면서 한편으로 재앙을 준 것으로 되어 있다. 현대에 있어서도 불, 곧 문화는 인간에게 행복과 이익을 주면서도 한편으로 인류를 언제 파멸에 빠뜨릴지 모르는 위험한 것이다. 오늘날의 '核'이 단적으로 그와 같은 양면성을 보여 주는 것이다. '核'의 이용은 우리에게 무한한 에너지를 제공해 주고 있지만 한편으로 언제 지구를, 인류를 파멸로 몰고 갈지 모르는 무서운 파괴력이다.

[3] 예술과 학문의 源泉

신화는 후세 사람들에게 큰 영향을 미친다. 그것은 어떤 종족에게 자긍심을 심어 주기도 하고 그 종족 결속력의 구심점이 되기도 한다. 또 신화는 학문, 예술 분야의 큰 원천이 되고 있다. 그것을 여기서 일일이 나열할 수는 없지만 그 중에서 가장 뚜렷한 경우 몇 가지를 살펴보기로 하겠다.

먼저 신화는 인류의 과거를 알려는 考古學에 엄청난 영향을 미치고 있다. 신화는 사람들의 상상이 만든 것도 있지만 과거의 史實이 그 밑바탕이 된 것이 많다. 역사적 대사건이나 천재지변 같은 것은 세월이 흐르면서 입에서 입으로 전해져 내려오게 되는데 먼 뒷날에는 그것이 바로 신화인 것이다. 그에 대한 口傳은 주로 吟遊詩人들이 악기를 연

주하면서 노래하는 형식으로 이루어졌다.

그런데 그 신화 중 전쟁과 같은 대사건에 대한 것을 단순한 이야기가 아닌 실제로 있었던 사실이 아닐까 하는 생각을 한 사람들이 있었다. 그들이 곧 考古學者들이다. 그들 중에는 그러한 신화를 면밀히 분석, 검토한 다음 실제 발굴에 착수한 사람들이 있다. 그들의 시도는 상당수 실패로 끝났지만 거기서 인류사에 영원히 기록될 대성공을 거둔 사람들도 있다. 독일의 실리만 같은 사람이 그런 경우로 그는 소년 시절, 호머의 서사시 〈일리아드〉를 읽고 그것이 사실과 무관한 설화가 아니고 실제로 있었던 사건을 읊은 것일 것이라는 생각을 했다. 사업으로 큰 돈을 손에 쥔 그는 그 돈을 그, 옛 노래 속의 유적 발굴에 쓰기로 했다. 결국 그는 1870년 다다넬스 해협의 히사를리크 언덕에서 트로이성의 유적을 발굴해 오랜 세월 땅 속에서 잠자고 있던, 폐허가 된 왕궁과 성터는 물론 금관과 같은 유물을 찾아냈다.

또 20세기 초 영국의 考古學者 에반스卿도 신화와 서사시를 안내삼아 크레타섬에서 선사시대의 古都 크노소스의 유적을 발견했다. 그는 거기서 실제로 그런 곳이 있으리라고는 상상하기도 힘들었던 라비린토스(迷宮)까지 찾아내 세상을 깜짝 놀라게 했다. 거기에는 다음과 같은 이야기가 전해져 오고 있었다. 크레타섬의 미노스왕은 그 아들이 아테네에 갔다가 비명횡사하자 군대를 이끌고 아테네로 쳐들어갔다. 승산이 없다고 생각한 아테네는 미노스왕에게 항복하고 강화조약을 맺었다. 그 조약에 따라 아테네는 9년에 한번씩 처녀와 총각 각각 7명을 미노스왕에게 바쳤다. 이렇게 끌려간 처녀와 총각들은 크레타섬에 있는 迷宮, 라비린토스에 갇혔다. 그들은 밖으로 나오는 출구를 찾지 못해 결국 그 안에서 죽었다 한다.

  그런데 에반스卿은 크노소스 유적에서 바로 그 迷宮의 실재를 확인한 것이다. 그 왕궁은 전체가 복잡하고 꼬불꼬불한 복도를 따라 무수히 많은 크고 작은 방들로 되어 있었다. 그 곳은 누군가의 안내를 받지 않으면 스스로 통로를 찾아 나오기가 극히 어렵게 되어 있었다 한다. 실제로 에반스卿이 이끈 발굴 팀 자체가 길을 못 찾아 어쩔 줄 몰라 한 적이 한두 번이 아니었다 하니 라비린토스는 설화 속의 미궁이 아니라 실재했던 불가사의의 건축 구조물이었음이 확인된 것이다.

  고대에서부터 오늘에 이르기까지 신화가 인류 예술에 가장 큰 영향을 미친 것은 문학에의 그것이 아닐까 한다. 먼저 인류에게 가장 널리 알려져 있는 문학 작품의 한 편이라 할 수 있는 그리스의 소포클레스의 희곡 〈오이디푸스 王〉은 오이디푸스 신화를 고도의 정교한 플롯으로 재구성한 것이다. 그리고 인류사에 영원히 남을, 그 자체의 출현이 하나의 역사적 사건이라 할 호머의 대서사시 〈일리아드〉와 〈오디세이〉는 각각 트로이 전쟁과 그 전쟁이 끝난 뒤 이타카 왕 오디세이가 10년에 걸친 고난 끝에 고국으로 돌아가기까지의 신화를 노래로 읊은 것이다. 또 이 서사시는 현대에 와서 제임스 조이스의 〈율리시즈〉란 소설의 모태가 되었다.

  또 하나, 일반인에게는 다소 생소하지만 고대와 현대에 걸쳐 여러 시인, 작가에 의해 희곡 작품의 소재가 된 신화가 있으니 〈오레스테스〉 이야기가 그것이다. 미케네 왕 아가멤논의 妃 클리타임네스트라는 남편이 트로이에 출정하고 있는 사이 아이기스토스와 사통했다. 트로이 전쟁이 그리스 연합군의 승리로 끝나고 왕이 돌아오자 그들 두 사람이 공모하여 왕을 살해했다. 이리하여 10년에 걸친 격전에서 무수한 적을 물리치고 돌아온 일세의 영웅 아가멤논은 아내와 간부의 손에 허망하게 목숨을 잃고 만 것이다. 그 사실을 알고 있은 아가멤논 왕의 아들 오레스테스와 그의 누나 엘렉트라는 왕이 죽은 8년 후 왕궁에 잠입해 아이기스토스와 그들의 생모 클리타임네스트라를 죽여 그 아버지의 복수를 한다. 이 신화는 그리스의 아이스킬로스의 〈오레스테야〉 3부작, 에우리피데스의 〈오레스테스〉 〈엘렉트라〉, 소포클레스의 〈엘렉트라〉라는 희곡으로 작품화되었다. 그리고 현대, 사르트르의 희곡 〈파리〉도 이 신화의 현대판으로의 변용이다.

현대의 철학사상에도 그리스 신화가 그 바탕을 이루고 있는 것이 있다. 사르트르와 함께 실존주의 철학의 중심인물인 카뮈가 쓴 '不條理'에 관한 에세이 《시지프스의 신화》도 그리스 신화를 그 바탕에 깔고 있다. 인간 가운데서 가장 영리한 것으로 정평이 나 있는 시지프스는 제우스 大神이 妖精 아이기나를 납치해 가 자신의 욕망을 채웠을 때 이를 妖精의 아버지 이나코스河神에게 일러바쳤다. 이를 안 大神은 화가 나서 死神 타나토스를 보내 그를 죽이라고 했다. 그러나 大神의 명을 받고 간 死神은 거꾸로 시지프스의 꾀어 걸려 쇠사슬에 묶여 갇히는 신세가 되어 헤르메스 신이 달려가 간신히 구해내야 했다. 그러나 그도 인간의 한정된 수명은 어쩔 수 없었던지 결국 죽음을 맞게 되었다. 그래도 그는 순순히 생을 끝마치려 하지 않았다. 그는 숨을 거두기 직전 그의 아내에게 자신이 죽어도 절대로 장례식을 치르지 말라고 당부하고 죽었다. 저승으로 내려간 그는 지하 망령세계의 지배자 하데스 신을 찾아가 자신이 죽었는데도 아내가 장례도 치러 주지 않으니 하루만 말미를 주면 그녀를 혼을 내주고 돌아오겠다고 했다. 하데스 신의 허락을 받고 되살아나 지상으로 돌아온 시지프스는 약속을 어기고 돌아가지 않고 그대로 눌러 살았다. 그런 그도 인간은 한 번 태어나면 결국은 죽고 만다는 섭리는 어쩔 수 없어 끝내 죽어 다시 지하로 돌아갔다. 이에 하데스 신은 그의 사기행위에 대한 벌을 내렸다. 하데스 신은 그로 하여금 커다란 바위를 언덕 위로 굴러 올리게 했다. 그런데 그 바위는 언덕을 거의 다 올라갔을 때면 도로 아래로 굴러 내려 갔다. 그래서 시지프스는 굴러 올리면 다시 굴러 내려가는 바위를 또다시 굴러 올리는 고역을 끝없이 되풀이해야 했다.

카뮈는 이 세상을 살아가는 인간의 형벌과 같은 생의 가파름, 고통스러움, 그리고 그것의 무의미함에서 느끼는 不條理를 이 신화를 끌어와 말하고 있다.

그밖에도 그리스 신화는 많은 예술 장르에 영향을 미쳐 이 신화를 소재로 한 그림, 조각 작품은 세계의 많은 박물관과 유적지에서 찾아볼 수 있다. 또 정신의학 분야에서도 그리스 신화에서 따온 용어들을 발견할 수 있다. 인간이 가진, 아들이 그 어머니를 어머니 아닌 이성으로 사랑하는 잠재심리를 설명하는 오이디푸스 콤플렉스, 딸이 그 아버지를 아버지 아닌 이성으로 사랑하는 잠재심리가 있다는 엘렉트라 콤플렉스 같은 용어는 정신의학자 뿐 아니라 일반인에게도 상식이 되어 있는 말이다.

위와 같은 여러 의미에서 그리스 신화는 우주와 인간의 기원을 설명해 줄 뿐 아니라 우리에게 우리의 미래를 투시할 수 있는 예지를 준다 할 것이다.

3. 아리스토텔레스의 《詩學》

B.C. 384년 헬라의 북방 마케도니아의 스타게이라(Stageira)에서 궁정의사의 아들로 태어난 아리스토텔레스는 생전에 약 4백여 편의 저작을 남긴 고대 그리스의 철학자이다. 그는 철학뿐만 아니라 논리학, 종교, 웅변술, 정치학, 역사학, 동물학, 기상학에 이르기까지 수많은 분야의 학문을 체계화하여 이론을 정립했다. 17세 되던 해에 아테네로 건너가 플라톤의 제자가 된 그는 플라톤의 아카데미에서 20년 동안 연구에 몰두했다. 그 후 그는 필립왕의 초청으로 3년 동안 알렉산드로스의 개인교사를 지내는 등 여러 곳에서 연구와 교수를 했다. B.C. 335년 다시 아테네로 돌아온 아리스토텔레스는 리케움(Lyceum)을 열어 학생들을 가르치기 시작했다. 당시 리케움은 사상과 이론이 집결된 지식의 중심이자 합동연구의 중심이 된 곳으로 활발한 연구 활동이 수행된 곳이다. 그 건물이 회랑처럼 생겨 아리스토텔레스 학파는 그리스어의 '산책하다' 의 뜻인 '소요(逍遙)학파' 라는 이름을 얻기도 했다.

현재 남아 있는 아리스토텔레스의 저작의 대부분은 강의 노트이다. 초기에 그가 썼던 저작들은 일반 대중을 위한 것으로, 그의 생시에 출판되었으나 모두 소실되고 지금은 몇 편밖에 전하지 않는다. 그렇기

아리스토텔레스 Aristoteles (B.C. 384~B.C. 322) 고대 그리스 철학자. 감각할 수 있는 세계를 중시하여 현실주의적 입장을 취한 그는 형식 논리학의 기초를 세웠다. 주요 저서로 《형이상학》《자연학》《정치학》《詩學》《수사학》 등이 있다.

때문에 현재 우리가 접할 수 있는 그의 저술은 대부분 리케움에서의 강의 내용이거나 강의의 주석, 요약, 토론 기록 등이다. 이들은 비록 불완전하고 암시적인 강의록에 불과하지만 단순하고 실제적인 문체로 되어 있으며, 자신이 생각하고 의미한 바를 명확하게 표현하고 있다. 강의록 중에는 자신이 직접 집필한 것도 있지만 어떤 것은 학생들에 의해 쓰여졌을 것이라고 추측되는 것들도 있다. 그 중에는 분실되었던 원고들이 나중에 강의실에서 발견된 것이 있는데, 경우에 따라서는 후세의 편집자들이 무질서하게 모아놓은 것도 있다고 한다. 이러한 불완전한 상태의 원고들이 그가 죽은 후 3백 년이 지나 다시 세상에서 빛을 보게 된 예가 있는데 이 글에서 살펴볼 《詩學》도 그 중의 하나이다.

《詩學》은 10세기 말이나 11세기 초에, 현존하는 가장 오래된 헬라어 필사본으로 작성되었다. 그 뒤 르네상스 전성기인 16세기 중엽부터 이탈리아 학자들이 이 책의 원문과 주석, 해설을 쓰기 시작했는데, 이 때부터 《詩學》은 권위를 얻기 시작했다. 그 후 《詩學》은 수세기에 걸쳐 여러 언어로 번역되어 오늘에 이르기까지 긴 생명력을 유지해 오고 있다.

《詩學》의 원어는 poietike로, 그 뜻이 매우 다양하다. 넓은 의미에 있어서 poietike는 처세술과 학문에 대립되는 제작술을 의미한다. 이때 제작술에는 건축술, 조선술 등 일상생활에 필요한 물건을 제작하는 기술과 예술의 뜻이 포함된다. 그러나 《詩學》의 원어로 사용된 poietike는 좁은 의미로 사용된 것으로, 그것은 일종의 모방 기술을 의미한다. 곧 《詩學》의 poietike는 창작 예술에만 국한되는 좁은 의미에서의 모방 기술이라는 의미로 한정되어 사용된 것이라 하겠다.

현재 전하는 《詩學》은 총 26장으로 이루어져 있다. 여기서 아리스토텔레스는 모방, 시의 근원과 역사, 비극, 서사시라는 크게 네 가지의 주제에 관해 주로 언급하고 있다. 이 때 그는 시뿐만 아니라 예술 일반도 다루고 있는데, 그 예술의 종류와 기능, 플롯의 구조, 구성 성분의 요소와 본질 등에 관해 상세하게 서술하고 있다. 문학의 본질과 원리에 관한 한, 그의 이 저술은 이론적인 측면에서 원류를 이루고 있음은 물론, 후세 사람들이 문학 이론을 정립하는 데 있어서 근간이 되고 있다는 사실은 《詩學》의 모든 영역에서 확인 가능한 내용들이다.

그는 우선 모방에 대한 자신의 견해를 제시하는 것으로 《詩學》의 첫머리를 시작한다. 《詩學》의 1, 2, 3장을 통해서 그는 시를 일종의 모방이라고 정의한다. 그런데 문학에 있어서 모방에 관한 이론은 아리스토텔레스의 이론에 앞서 그의 스승 플라톤에 의해 최초로 언급된 바 있다. 플라톤은 《공화국》에서 모방 이론을 전개함에 있어서 세 개의 침대를 비유적으로 응용하여 설명하고 있다. 그는 신이 만든 침대, 목수가 만든 침대, 화가나 시인이 만든 침대라는 세 과정으로 나누어 이야기하는데, 이 때 신은 이념을 만드는 창조자, 목수는 이념에 따라 실제 물건을 만드는 제작자, 화가나 시인은 제작자를 모방해서 침대를 그리는 모방자라 하고 있다. 그리하여 시인이나 화가의 작품은 현상의 일부를 모방한 것이어서 진리와는 거리가 먼 것이라고 했다. 시인의 작품은 형상을 흉내낸 것에 불과하기 때문에 시인은 진리에 도달하는 데 오히려 방해가 되는 존재라는 것이다. 이것이 플라톤의 '시인 추방론'이다. 플라톤의 이 견해에 의하면 시는 독자의 감정을 흥분시켜 진리를 막고 이지력에 방해가 되어 교육적 가치가 없다고 한다. 이는 모방에 관한 최초의 이론이기는 하나 시를 도덕적, 공리주의적 입장에서 부정적으로 본 견해를 표명한 것이다.

반면에 아리스토텔레스는 플라톤의 철학에서 깊은 영향을 받아 출발하기는 했으나, 플라톤의 모방 이론을 넘어서는 이론을 전개한다. 아리스토텔레스는, 시인이란 창조자로서 개성을 통하여 인생을 재현하는 사람으로 보고 있으며 따라서 문학이란 언어를 가지고 인생을 모방하는 창작 예술이라고 정의를 내리고 있다. 이어 그는 문학을 제외한 다른 예술, 즉 미술이나 음악, 무용 등도 역시 인생을 모방하는 것이라 하고 있는데 이것들도 역시 각기 영역마다 그 나름의 개성이라는 보편적인 수단을 가지고 인생을 재현하는 것이라고 한다. 그에 의하면 결국 시인은 운문으로 쓰건 산문으로 쓰건 인생을 모방하거나 재창조함으로써 자신의 감정을 전달하는 존재라고 할 수 있다. 그는 이 때 모방의 수단이 되는 것으로 언어, 리듬, 음악 등을 들고 있다. 시인이 모방을 할 때는 인간의 행위를 대상으로 하는데 이 모방의 대상은 이상화되거나 풍자화되거나 사실적으로 표현된다고 한다. 이 때 비극은 성격을 이상화시켜 평범한 사람의 삶의 수준보다 높은 수준으로 인물을 표현하는 데 비해, 희극은 인물을 풍자화하는 것이라고 희극과 비극을 비교하면서 서술하고 있다. 모방을 하는 방식에 있어서도 그는 어떤 시인은 자신의 성격을 통해 이야기하고, 또 어떤 시인은 작중 인물을 통해 다양하게 이야기를 이끌어간다고 설명한다. 그리하여 극에 있어서 인물들은 마치 그들이 쓰여진 것들을 행동으로 행하고 있었던 것처럼 이야기하게 된다는 결론에 이른다.

결국 아리스토텔레스는 서사시나 비극, 음악은 모두 모방하는 점에 있어서는 공통적이나 모방의 수단과 대상, 방법에서 차이가 생겨난다는 주장을 하고 있다. 이와 같은 아리스토텔레스의 모방에 관한 이론은 초감각적인 이데아의 세계나 관념론에 충실한 플라톤의 견해와는 상반되는 입장이다. 그러나 그의 모방 이론은 방법론적으로 볼 때 과학적이고 논리적인 견해를 바탕으로 하고 있어, 플라톤의 모방 이론을 뛰어넘은 것으로 오늘날 많은 비평가들을 통해 자주 언급되고 있다. 그의 모방 이론은 플라톤의 견해와 비교해 볼 때 보다 보편적인 학문의 세계에 도달한 것이라 할 수 있으며, 그의 주장이 학문으로서의 확고한 방법적 기초를 갖게 되었다는 말도 이러한 맥락에서 나왔을 것이다. 계속해서 《詩學》에서 그는 시의 근원과 역사에 대해 다음과 같이 서술하고 있다.

　　시의 일반적인 기원이 인간 본성의 각 부분인 두 가지 원인에 기인한다는 것은 명확하다. 저급동물에 비하여 우리가 가지는 강점 중의 하나인 모방성은 모든 인간에게 자연스러운 것이어서, 인간은 세상에서 가장 모방적 창조물이며 모방에 의해 처음으로 배우게 된다. 또한 모방에 의해 이루어진 작품에 모두 기쁨을 가진다는 것 역시 당연한 것이다.

그는 인간 본성 중에서 모방하려는 본능과 모방 대상으로부터 배우는 즐거움이라는 두 가지 원인에서 시의 근원을 찾고 있다. 그는 시를 모방 양식으로 정의내린 것에 이어 시의 기원도 모방에서 찾아내고 있다.

문학에 관한 이론의 기원이 되는 여러 학설들이 《詩學》 전편을 통해 다양하게 나타나고 있지만, 그 중에서 가장 중심이 되는 부분은 6장에서 14장에 걸쳐 제시되고 있는 비극에 관한 이론이다. 그 중에서도 6장은 《詩學》의 핵심이라 할 만한 부분으로 여기에서는 그의 비극에 관한 정의와 효과, 즉 유명한 카타르시스설이 소개된다. 이는 아리스토텔레스의 문학에 관한 이론 중 모방설에 이은 또 하나의 중요한 요소인 쾌락설에 관한 것으로, 그는 다음과 같은 말로 이를 설명하고 있다.

비극은 진지함과 그 자체로 완전한, 일정한 길이의 행동을, 기쁨을 주는 장식적 요소와 곁들인 언어로 모방하는 것이다. 이 두 요소는 작품의 여러 부분에서 분리되어 나타난다. 또한 비극은 극적이거나 비설명적 형태로, 연민과 공포를 일으켜 주는 사건들로 이루어진다. 이것은 감정의 정화를 이룩하게 해준다.

아리스토텔레스는 비극을 두고 진지함과 엄숙성을 지녀야 하며 일정한 길이를 가지고 그 자체로 완결된 생명을 갖는 행위의 모방이라고 한다. 이 때 비극은 연민과 공포를 일으켜 주는 사건들로 이루어짐으로써 감정에 정화 작용을 해주는 일종의 신경 특효약이라고 한다. 그리하여 비극은 카타르시스를 유발하여 가장 자연스럽고 평온한 영혼의 평형 상태에 도달하게 해준다. 그는 여기에 비극의 목적이 있다고 한다. 이것이 바로 그의 유명한 카타르시스설로, 비극은 관객의 울적한 감정이나 격정을 방출, 정화하는 기능을 갖는데 이것이 비극의 중요한 효용이라는 것이다. 이 견해에 의하면 예술은 교훈적이거나 공리적 기능에 앞서 그 자체의 쾌락적 본성과 정화의 기능을 우선적으로 갖는다고 한다. 즉 예술은 예술 그 자체의 기쁨에서 가치를 찾을 수 있어야 한다는 것이다. 아리스토텔레스가 제시한 이러한 쾌락설은 현재 우리가 문학의 효용을 말하는 가운데 쾌락적 기능, 즉 문학 작품을 읽고 미적 만족을 얻는 기쁨을 느끼는 데서 문학의 기능을 찾을 수 있다고 한 이론의 근거가 된다. 이러한 의미에서 보면 그는 쾌락설을 통해 예술의 자율성을 확립하는 바탕을 마련해 주었으며, 따라서 그는 문학에 심미적 가치를 부여한 최초의 비평가라고 볼 수 있겠다.

다음으로 아리스토텔레스는 비극의 요소로 구성, 성격, 措辭法, 사상성, 場景, 멜로디의 여섯 항목을 들고 있다. 이 중에서도 그는 구성을 가장 중요시하여 구성을 '비극의 생명이자 영혼'이라고 말한다. 여기에서 아리스토텔레스가 제시한 구성에 관한 이론에 대해 살펴보기로 하겠다.

비극은 전체적이며 자체적으로 완전하며 또한 일정한 길이를 가진 행동의 모방이라고 했었다. 그런데 전체적인 것이 말하고자 하는 길이는 아니다. 전체라는 것은 시작과 중간과 끝을 가지는 것이다. 시작이라는 것은 어떤 것에 이어지는 것이 아니라 무엇인가가 자연스럽게 뒤따르는 것이다. 끝이라는 것은 어떤 것에 이어지면서 또한 그것의 필연적이고도 자연스런 결과이어야 하며, 뒤에 아무 것도 따르지 않는 것이다. 중간이라는 것은 어떤 것에 이어지면서 또한 무엇인가를 이어나가는 것이다. 그러므로 훌륭한 구성은 아무데서 시작하거나 끝나서는 안 된다. 시작과 끝은 지금 말한 것에 적절하게 맞아야 한다. 아름다운 것은 살아 있는 생물체이건 부분으로 이루어진 전체이건 모두가 여러 부분의 배열에 있어 어떤 질서를 필요로 할 뿐 아니라, 규정된 크기를 가지고 있어야 한다.

그에 의하면 비극은 길이 상으로 볼 때 시간의 집합이 아니라 전체로서의 이야기를 의미한다. 그는 비극에서 전체가 아름답기 위해서는 각 부분이 질서정연한 원리, 즉 전체와 부분이 알맞은 비례를 이루어야 한다고 말한다. 이 때 전체라는 것은 시작과 중간과 끝을 가지는 것으로, 시작은 뒤에 무엇인가가 자연스럽게 따르는 것, 중간이란 어떤 것에 이어지면서 또한 무엇인가를 이어나가는 것, 끝은 어떤 것에 이어지면서 뒤에 아무 것도 따르지 않는 것이라고 설명하면서 훌륭한 구성은 이것이 적절하게 어울려야 한다고 말하고 있다. 그는 아름다움이란 크기와 질서의 문제이기 때문에 배열에 있어서도 역시 질서와 크기가 있어야 함을 강조한다.

이와 같은 아리스토텔레스의 구성에 관한 이론은 오늘날 소설 이론 가운데 플롯에 관한 이론의 원류가 되고 있다. 소설에 있어서 플롯은 넓은 의미로 보면 소설에서 성격 설정, 배경 변화 등 소설의 모든 의도를 뜻한다. 이에 비해 좁은 의미에서의 플롯은 소설의 구조, 짜임새를 의미하는 것으로 이는 소설의 설계가 되는 틀을 말한다. 따라서 보통 우리가 소설에서 플롯이라고 말하는 것은 이 좁은 의미의 플롯을 지칭하는 것이다. 소설 이론과 관련한 이론가인 E. M. 포스터에 의하면 스토리가 시간 순서대로 배열한 사건의 서술이라면 플롯은 사건의 서술이기는 하나 인과관계에 역점을 둔 것이라고 한다. 예를 들어 '왕이 죽고 왕비가 죽었다.'고 하면 스토리가 되나 '왕이 죽자 왕비가 슬퍼서 죽었다.'고 하면 플롯이라는 것이 그것인데 이는 비록 단순한 플롯이기는 하나 원인과 결과에 따른 인과율을 지니고 있다고 한다. 그러면서 그는 스토리는 독자에게 호기심만 불러일으키나 플롯은 지적인 면과 기억력을 요구한다고 부연하고 있다. 이 밖에도 소설 이론에서 플롯에 대한 보다 다양한 논의가 있지만 이들은 모두 아리스토텔레스의 개념에서 비롯된 것이다. 아리스토텔레스는 플롯을 mythos라고 설명하고 있다. 스토리가 출산, 살인, 결혼과 같은 분명한 사건, 즉 육체적 행동이라면 플롯은 전혀 육체적 행동을 포함할 필요가 없는, 인과율이라고 설명한다. 거기에 더하여 그는 "행동의 부분들은 단 한 부분이라도 위치를 바꾸거나 빼버리면 전체가 바뀌거나 흩어지도록 그렇게 짜여야 한다."고 설명함으로써 플롯은 형식적 통일성을 가지면서도 단일

한 전체이어야 함을 강조한다. 결국 아리스토텔레스는 플롯의 창조자
인 시인은 단순한 이야기가 아니라 행동의 통일성, 균형, 일관성, 개연
성을 가진 이야기를 만들어야 한다는 것을 말해 주고 있다.

또한 아리스토텔레스는 시인과 역사가를 구별하여 시와 역사의 차
이를 밝혀냄으로써 시적 보편성을 설명하고 있다. 그에 의하면 역사가
는 일어난 일을 쓰는 데 비해 시인은 일어날 수 있는 일, 즉 개연적, 보
편적 가능성을 가진 사건을 기술한다고 한다. 이러한 점에서 시는 역
사보다 더 철학적이고 중요하다고 할 수 있다. 역사가는 개별적인 것
을 서술하는 반면, 시인은 본질적, 구체적이고 보편적인 것을 서술한
다. 이 때 보편적 서술이란 일반적 인물이 개연적, 혹은 필연적으로 말
하거나 행동하는 것을 서술한다는 의미이다. 이러한 관점에서 볼 때
시인은 개연적인 것과 보편적인 것을 그리지 않으면 안 된다고 하겠
다. 오늘날 우리가 문학 작품을 읽고 공감과 감동을 얻을 수 있는 것도
아리스토텔레스가 말한 이와 같은 문학이 갖는 보편성에서 기인한다
고 할 수 있다.

그 밖에도 《詩學》에서는 비극의 인물의 사상과 措辭法에 대해서 다
루고 있다. 비극에서 인물의 사상은 그들이 말로 인해 영향을 받는 모
든 요소를 지칭한다. 이 사상은 증명하거나 반박하고 감정을 일으키고
사물을 과장, 혹은 과소 평가하려는 모든 노력에서 드러난다. 措辭法
은 말할 때 언어에 가해지는 어조의 문제인데, 여기서는 각 경우에 사
용해야 할 어법에 관해 설명하고 있다. 그는 이 부분에서 시에서의 措
辭法이 일상 대화의 언어와는 다르다고 한다. 시어는 명확해야 하나
경박하지 않아야 하고 산문처럼 장황해서도 안 되며 비지성적이어서
도 안 된다고 설명한다. 또 그는 시에 있어서 은유의 중요성을 발견하

고 그것을 강조하고 있다. 효과적인 시를 위해서는 어떤 허용이 필요한데 시인은 그것을 적절하게 절제하여 사용해야 한다고 말한다. 이와 같은 언어와 문체의 기본적인 사항에 대해 그는 19장에서부터 22장까지 서술하고 있는데 이는 문학에 있어서 언어 사용의 측면에 유용한 정보를 제공해 주는 부분이다.

이상에서 살펴본 바와 같이 아리스토텔레스는 《詩學》을 통해 시와 음악 등의 학문적 가능성에 대한 이론적 근거를 제시하고 있다. 이와 같은 성격 때문에 《詩學》은 문학의 많은 분야에서 이론의 근원이 되고 있으며, 따라서 이 책은 고대에서부터 오늘에 이르기까지 문학 이론의 고전으로 평가되고 있다. 이는 비록 간행을 목적으로 한 저술이 아니라 강의 교재이기는 하나 문학 비평 분야에 있어서 최고의 업적이자 문학의 자율성을 확립하는 계기를 마련했다는 의의를 가지는 명저라 할 것이다.

4. 지그문트 프로이트의 《꿈의 解釋》 外

　지그문트 프로이트는 체코슬로바키아 태생의 유대인 정신분석학자로 8세에 셰익스피어를 읽을 정도로 천재성을 타고났다. 한니발을 존경하고 장군이나 정치가가 되는 것이 꿈이던 그는 뒤에 의학에 관심을 가져 의학박사가 되었다. 그는 《꿈의 解釋》《精神分析入門》 등을 저술, 현대 정신의학을 개척했다. 그의 학문은 교육, 문학, 종교, 철학, 윤리학 등에 광범한 영향을 미치고 있다. 그러나 그는 처음, 많은 사람들로부터 적대감과 비난, 중상을 받는 시달림을 당해야 했다. 어릴 적 사내아이에게는 어머니를 이성으로 사랑하는 무의식의 정신세계가 있다고 한 오이디푸스 콤플렉스 같은 학설은 당시로서는 극히 패륜적인 것이었고 기독교에서의 악마(사탄)의 부정, 금기시 된 性에 관한 적나라한 언급 등이 용서받을 수 없는 것으로 받아들여졌기 때문이었다. 본래 개척자, 선지자는 박해를 받는다. 지동설을 주장한 갈릴레오, 진화론을 발표한 찰스 다윈이 생명에 위협을 당하거나 비난과 조롱을 당한 것이 그런 경우다.

　프로이트가 처음에 관심을 둔 분야는 히스테리(정신분열증)였다. 중

지그문트 프로이트 Sigmunt Freud(1856～1939) 체코슬로바키아 태생의 오스트리아 정신의학자, 신경학 교수. 정신분석학 이론을 개척, 정립한 그의 저서 《精神分析入門》《꿈의 解釋》 등은 의학계 뿐 아니라 문학, 교육학, 인류학 등 많은 분야에 큰 영향을 미쳤다.

세 이후 기독교 문명권에서는 이를 사탄의 저주, 呪術이나 마법에 걸린 것으로 보아 이는 의학의 연구, 치료의 대상이 아니었다. 그래서 히스테리 증상을 보이는 사람은 고문을 하거나 불태워 죽였다. 주로 여자가 그 무지의 피해자였는데 마녀 사냥이 바로 그것이다. 마녀 재판에는 오늘날 생각하면 웃을 수도 울 수도 없는 야만적인 것도 있었다. 마녀로 의심된 사람을 큰 통나무에 묶어 물에 던진 다음, 떠오르면 마녀라는 증거라 하여 불에 태워 죽이고 가라앉으면 아니었구나 하고 그대로 두고 가버렸다는 사례 같은 것이 그런 경우다. 프로이트는 히스테리를 질병으로 인식했다. 오스트리아 빈에 살고 있던 그는 프랑스 파리로 가 히스테리를 신경 구조의 결함이라고 한 당대 최고의 신경학자 샤르코를 만나 보고 자신의 생각을 확신했다. 그러나 그는 샤르코보다 한 걸음 앞서 나갔다. 샤르코는 히스테리가 질병이며 과학적으로 그것을 증명할 수는 있지만 치료는 불가능하다고 생각하고 있었다. 그는 히스테리라는, 무의식적인 정신활동에 내재한 이 증상은 돌이킬 수 없는 결함이며 최면술 등으로 임상적으로 증명할 수는 있으나 지속적인 치료는 불가능한 장애라고 했다. 그러나 프로이트의 생각은 달랐다. 그는 히스테리 현상을 설명해 주는 그 강력한 무의식적 정신 활동이 정신 장애자, 정신 질환자 뿐 아니라 모든 사람에게 존재하는 것이 아닐까 하는 의문을 가졌다. 일종의 가설이라 해야 할 이 착상은 획기적인 것이었다. 여기에 집요하게 매달린 끝에 그는 끔찍스럽고 두렵고 혼란스런 경험이 무의식 속에 들어가 억압되어 있으며 그것이 히스테리의 원인이라고 보았다. 그리고 그것을 의식 속으로 끌어내면 치료가 가능하다고 생각했다. 그는 억압이 생기는 원인을 방어메커니즘 때문이라고 생각했다. 사람은 자신을 지배하는, 감정적으로 부담스런 자료들을 비밀서고 같은 데 집어넣어 두어 그것으로부터 자기를 방어하려 한다는 것이다. 그 자료들이 기억, 성찰의 손이 미치지 못하는 서고에 갇혀 있으면 히스테리가 생긴다는 것이다. 당시에는 프로이트 외에도 같은 생각을 가진 의사들이 있었는데 그들은 그 질병의 치료법으로 최면술을 썼다. 프로이트도 처음에는 그 방법을 썼다. 그러나 그는 곧 최면술에 의한 치료를 포기했다. 무엇보다 최면이 안 걸리는 사람이 있었고 원하는 만큼 안 걸리기도 했으며 또 최면을 걸려면 암시를 주어야 하는데 그것이 또 다른 억압 기능을 한다는 것을 알았기 때문이었다. 또 다른 치료방법에 壓迫術(pressure technique)이라는 것이 있었다. 환자의 이마에 손을 얹고 환자로 하여금 모든 저항이 손의 압박으로 제거된다고 믿게 한 다음 환자가 자신의 무의식적 정신과정 속으로 들어가 떠오르는 말들을 하게 하는 것이다. 그러면 환자의 입에서 낱말들이 따로따로 떨어진 채 나오는데 의사가 그 불연속적이고 두절되는 말들을 연결해 병의 원인에 접근해 억압되어 있던 기억들을 끌어내 치료하는 방법이다. 프로이트는 공포, 분노, 수치심 또는 신체적 고통과 같은 괴로운 감정을 불러일으키는 경험들이 히스테리의 원인이라고 생각했다. 히스테리의 유발 원인은 트라우마(trauma)라고 하는데 이 그리스어의 뜻은 '傷處' 다. 프로이트는 트라우마 곧 정신적 外傷이 히스테리의 원인이라고 보았다. 그는 이 억압된 감정들을 방출시켜 병을 고치려 했다. 이 방출이 곧 억압된 감정이 흩어져 사라지는 소산(消散=abreaction)이다. 쉽게 말하자면 억압되어 있던 불쾌한 감정이 의식 속으로 나와 흩어져 없어지는 것이다. 그렇게 되면 환자의 정신은 淨化(catharsis) 되고 그것은 곧 치유를 의미한다. 프로이트는 처음 그러한 치료법으로 앞서 말한 압박술을 썼다. 그러나 그는 곧 압박술에 의한 치료에도 어려움이 있다는 것을 알게 되었다. 이 방법을 쓰면 환자의 관념이나 기억이 시각 이미지로 나타나게 되는데 어떤 때는 아무런 장면이나 회상도 나오지 않는가 하면 어떤 때는 환자가 떠오르는 기억의 단편들을 중요하지 않다고 낮추어 말하는 경향이 있었던 것이다. 또 경우에 따라서는 환자가 전혀 설명할 길이 없는 것처럼 여겨지는 반응을 나타내기도 했기 때문이다. 그래서 그는 거기서 한 걸음 더 나아간 自由聯想法(free association)을 사용했다. 여기서 비로소 프로이트식의 정신분석과 치료의 장이 열리게 되었다. 그는 정신분석에 자유연상법과 함께 꿈의 해석, 환자의 錯誤行爲의 분석을 썼다. 이제 그 세 가지 방법을 차례로 살펴보기로 하겠다.

[1] 自由聯想法 외

이는 환자에게 아무 망설임이나 판단 없이 마음 속에서 꼬리를 물고 떠오르는 모든 생각을 큰 소리로 말하게 하여 거기서 무의식 속의 억압을 찾는 것이다. 이것이 오늘날의 정신분석(psychoanalysis)의 토대가 되었다. 압박술과 자유연상법 등에 의한 환자의 치료 사례는 다음과 같다.

할머니 곁에서 자고 있던 한 15세 소녀가 비명을 지르면서 깨었다. 그녀는 꿈 속에서 이마 한복판을 칼로 찌르는 것 같은 느낌을 받았다는 것이다. 그런 고통은 몇 주나 계속되었고 그 후 30년 간이나 간헐적으로 나타났다. 프로이트가 그 증상을 분석한 결과 원인이 밝혀졌다. 성격이 엄한 그녀의 할머니는 그녀가 어릴 적부터 그녀를 날카로운 눈으로 노려보곤 했다. 그녀는 그 때마다 그 눈초리가 자신의 머리를 꿰뚫고 들어올 것 같은 두려움을 느꼈다. 프로이트가 그 기억을 찾아내 말하게 하여 소산시키고 나니 그러한 증상은 말끔히 사라졌다.

　다섯 살 난 소년 한스의 경우는 특히 유명하다. 이 소년은 집 밖에 나가기를 두려워했다. 이유는 밖에 나가면 말이 물지 모른다는 것이었다. 그 아버지로부터 그러한 증상을 들은 프로이트는 소년의 정신을 분석한 결과 재미있는 사실을 밝혀냈다. 한스는 네 살 때 자주 자기의 음경을 만지며 놀았다. 사내애는 2세까지는 무엇이든 입으로 가지고 가는 口腔快感을 즐기고 4~6세에는 자신의 성기를 만지작거리는 性器快感을 즐긴다. 소년의 어머니는 자신의 고추를 만지작거리는 소년의 버릇을 고치려고, 자꾸 그러면 의사를 시켜 고추를 잘라버리겠다고 했다. 소년의 그 버릇을 들은 소년의 아버지도 그를 심하게 꾸짖었다. 그 무렵 그는 밖에서 말의 음경을 보았는데 그것이 전에 본 아버지의 그것처럼 크다고 생각했다. 어머니를 이성으로 사랑하는 오이디푸스 콤플렉스를 가지고 있은 한스는 그 연적인 아버지가 자기의 성기를 잘라버릴 것이라는 去勢 콤플렉스(castration complex)를 가지게 되었다. 사내애는 여자애의 성기를 보고 끔찍스럽다고 생각하고 자기도 그렇게 될까봐 두려워하는데 그것이 거세 콤플렉스다. 그래서 그는 어머니와 같이 있는, 집에만 있으려 하고 밖에 나가기를 무서워한 것이다. 그 콤플렉스가 말(馬) 공포증이 된 것이다. 프로이트의 말을 들은 소년의 아버지가 특별히 신경을 써 그런 공포를 가지지 않게 하자 그 증상이 없어졌다.

[2] 꿈의 解釋

　프로이트는 1899년 그의 대표 저작 《꿈의 解釋》을 간행했다. 이 책은 정신의학·교육학·문예학·윤리학·인류학 등 광범한 분야의, 전 세계 학자들의 필독서가 되어 있다. 그러나 처음에는 굴욕적이라 할 만큼 냉랭한 반응을 받았다. 6백 부를 찍은 초판을 다 파는데 8년이나 걸렸고 첫 2년 동안에는 고작 2백 28부가 팔렸을 뿐이었다. 이 책의 주요 내용을 간추리면 다음과 같다. 프로이트는 모든 꿈은 의미로 가득 차 있다고 말했다. 그런데 꿈을 꾼 사람은 자기가 꾼 꿈의 의미를 모른다. 꿈은 그 내용을 왜곡하기 때문이다. 자는 동안에는 무의식 속에 억압되어 있던 소망이 방출되는데 그 사람의 ego가 지닌 방어력, 저항력이 작용해 그것이 의식 속으로 들어오지 못하게 어떤 통제를 한다. 그래서 무의식 속의 억압된 소망이 僞裝을 하고 나타나게 되는데 그것이 곧 왜곡이다. 이 왜곡 때문에 꿈 꾼 사람은 자기의 꿈이 무엇을 의미하는지를 모르게 된다. 그것은 마치 히스테리 환자가 자기 증상의 연관성과 의미를 모르는 것과 같다.

　꿈은 두 측면을 가지는데, 한 측면은 顯示夢(manifest dream)으로 왜곡된 꿈, 꿈꾼 사람이 말하는 꿈이다. 다른 한 측면은 潛在夢(latent dream)으로 그 전날의 경험에서 출발하여 현실에서 충족하지 못한 소망을 꿈 속에서 실현하는 것이다. 이 잠재몽이 현시몽으로 왜곡되는 것을 '꿈의 작업(dream work)'이라고 한다. 그것이 어떻게 왜곡되는가를 아는 일은 앞에서의 정신분석과 같은 작업이다. 우선 현시몽에 있는 요소들 간의 명시적인 연관들은 모두 무시해 버린다. 그 다음에 정신분석의 절차와 규칙에 따라 자유연상을 통해 꿈을 이루는 각각의 독립된 요소들과의 연관 속에서 저절로 떠오르는 관념들을 수집한다. 이것을 재료로 하여 잠재몽에 접근할 수 있다. 그렇게 하여 드러나는 잠재몽이 곧 그 꿈의 의미인 것이다. 프로이트가 접한 한 여성 환자의 꿈의 경우가 현시몽과 잠재몽의 관계를 잘 설명해 준다. 그녀는 꿈에 자기 집에서 자신의 친구 내외를 초대해 만찬 파티를 열려 했는데 그럴 만한 음식 재료가 없어 무엇을 좀 사오려 했다. 그런데 하필 그 날이 일요일 오후여서 가게들이 모두 문을 닫았을 것이라는 것을 알았다. 그래서 요릿집에 주문을 하려 했는데 하필 전화기가 고장이 나 있었다. 그녀는 하는 수 없이 파티를 단념할 수밖에 없었다. 프로이트가 그녀의 꿈을 분석한 결과는 상당히 흥미로운 것이었다. 그녀의 남편은 평소, 그녀가 꿈에 초대하려 한 그녀의 친구를 매력 있게 보아와 그녀는 그 친구에 대해 질투를 느끼고 있었다. 한 가지 안심이 되는 것은 남편은 통통한 여자를 좋아하는데 그 친구는 몸이 야윈 편이라는 사실이었다. 그런데 그 친구는 어느 날 자기도 살이 좀 쪘으면 좋겠다면서 그녀에게 "언제 한 번 너희 집에 초대해 주지 않을래? 너희 집 음식은 언제나 맛있어."라고 했다. 그러니까 그녀는 무의식세계에서 그 친구에게 음식을 대접해서 살이 찌게 하고 싶지 않았던 것이다. 그 잠재몽이 꿈에서 「문 닫은 가게」 「고장 난 전화기」로 왜곡되어 현시몽으로 나타난 것이다.

잠재몽이 현시몽으로 변화, 왜곡되는 데 사용되는 메커니즘에는 凝縮·轉位·演劇化·象徵化·2차적 加工의 5가지가 있다.

① 凝縮(condensation)
꿈은 꿈思考(dream thought)의 범위와 내용이 빈약하고 단순한데

그것은 현시몽에는 잠재몽의 소망이 압축되어 저장되어 있기 때문이다. 우리는 어느 미국 여성 환자의 꿈에서 그와 같은 응축을 볼 수 있다. 그녀는 꿈에 한 친구와 쇼핑을 가 상점에서 장례식 때 쓰는 검은 모자를 샀다. 그 꿈 그대로만 두고 보면 거기에 아무런 의미도 없는 것 같다. 이 꿈을 프링크라는 의사가 연상과 분석을 통해 그 의미를 밝혀냈다. 그 전날 그녀는 몸이 아프다는 남편을 집에 두고 친구와 나들이를 갔는데 길에서 지난날의 첫사랑이었던 남자 친구를 만났다. 그녀는 그와의 결혼까지 생각했으나 사회적 신분 격차가 너무 커 맺어지지 못했었다. 그러니까 그녀의 꿈에는 경제적으로 무능한 지금의 남편이 아니라 그와 결혼했더라면 하는 소망, 현실에서는 사고 싶었지만 돈이 없어 못 산 모자를 사고 싶다는 욕망, 남편이 죽어 버렸으면 하는 바람, 이 세 가지가 응축되어 있었다. 프링크가 그 꿈을 그렇게 해석해 주자 그녀는 그 모두가 맞다고 시인했다.

② 轉位(displacement)

이는 자리바꿈으로, 억압된 소망의 대상이 전혀 다른 것으로 옮아가 나타나는 것을 말한다. 곧 정서적 부담이 그 실제 대상이나 내용에서 분리되어 전혀 다른 것에 달라붙게 되는 과정이 전위다. 겉으로는 극히 사소해 보이는 현시적 내용의 꿈에 불안이나 흥분과 같은 커다란 감정을 부여하는 것이 이 전위 메커니즘이다. 의사 페렌치의 한 여성 환자의 꿈 해석이 좋은 예가 된다. 그녀는 자기가 흰 강아지를 목 졸라 죽이는 꿈을 꾸었다. 그녀는 그 꿈이 아무래도 꺼림칙해 페렌치를 찾아와 해석을 의뢰했다. 페렌치가 자유연상을 하게 한 결과 그녀가 자기 내외에게 얹혀 사는 시누이와 감정이 좋지 않았다는 것을 알았다.

며칠 전 두 사람이 싸웠는데 그 때 그녀는 시누이를 향해 "나가! 주인을 무는 개는 집에 두고 싶지 않아!"라고 소리친 적이 있었다. 그런데 그 시누이는 피부가 유난히 희었다. 그런데 의식의 세계에서는 시누이를 죽인다는 일이 있을 수 없으므로 죽이는 대상이 흰 강아지로 바뀐 것이다.

의사 페렌치가 분석한 또 하나의 꿈 사례도 전위 메커니즘을 보여주는 것이다. 한 유대인 여성이 자기가 누군지 모를 남자에게 자기가 쓰던 빗을 주었다. 그 꿈은 그녀에게는 아무런 의미도 없는 것처럼 보이는 것이었다. 그녀는 지난 날 한 개신교 청년과 사랑하는 사이였다. 그런데 유대교인은 이교도와 결혼해서는 안 된다는 부모의 고집 때문에 두 사람의 사랑은 이루어지지 못했다. 그 일로 그녀는 부모를 원망하는 마음을 가지고 있었다. 그 전날 그녀는 무슨 일로 어머니와 심한 말다툼을 했다. 어머니와 다툰 뒤 자기 방으로 돌아간 그녀는 머리를 빗으면서 자신과 부모 양쪽을 위해서 차라리 자기가 집을 나가 버리는 것이 낫지 않을까 하는 생각을 했다. 그런데 그녀는 어릴 때 남의 빗으로 머리를 빗으면 잡탕이 된다는 말을 들은 기억을 가지고 있었다. 자신이 서로 다른 종교를 가진 그 청년과 맺어졌더라면 – 종교적 잡탕이 되었더라면 하는 소망이 빗을 주는 것으로 전위한 것이다. 그 청년과의 결혼이라는 이루어지지 못한 바람이 현시몽에서 제거돼 버리고 그 대신 그에게 자기의 빗을 준다는 상징적인 행위로 대체된 것이다.

③ 演劇化(=視覺化)

꿈은 개념적 사고를 표현하지 못하고 그것을 視覺이미지로 나타낸다. 꿈은 회화나 조각처럼 시각 이미지가 그 표현 방식이다. 위의 예들에서의 개념적 사고, 남편의 죽음은 검은 모자로, 시누이의 살해는 흰 강아지 죽이기로, 이교도와의 결혼은 빗의 선물이라는 시각 이미지로 나타난 것이 그것이다.

④ 象徵化

상징이란 표면의 의미 외에 이면에 또 하나의 의미를 가진 표현 방식이다. 억압, 잠재된 소망은 어떤 상징성을 띠고 나타난다. 프로이트가 분석한 다음의 꿈이 가장 단순하면서도 선명한 상징화의 예가 될 것이다. 한 남자가 그의 동생이 그 남자의 정원을 온통 파헤쳐 놓는 꿈을 꾸었다. 당시 그의 동생은 수입이 줄어 그는 동생이 절약생활을 할 필요가 있다고 생각하고 있었다. 그는 또 동생의 어려움이 자기의 짐이 될까 걱정하고 있었는데 동생은 여전히 쓰임새를 줄이지 않았다. 구덩이를 파는 것은 영어로 trench다. 그러니까 그 꿈은 비용 절감, 절약이라는 영어 retrench가 trench란 상징으로 시각화 한 것이다.

상징은 性과 관련된 경우 아주 강하게 나타난다. 남성 성기는 파고드는 것, 그리하여 아프게 하는 것으로 나타난다. 꿈에 나타나는 칼, 창, 총, 막대기 같은 것은 남성 성기의 상징이다. 또 여성성기는 무엇을 담는 容器나 공간으로 나타나는데 구덩이, 구멍, 틈, 그릇, 상자, 트렁크, 가방, 주머니, 선박 같은 것이 그 상징이다.

⑤ 2차적 加工

이상이 1차적 가공이라면 꿈은 여기서 다시 일종의 검열을 받는데 그것이 2차적 가공이다. 그것은 양심, 긍지의 저장소인 超自我(super ego)가 현실에서 용납되지 않는 쾌락을 향한 무의식의 충동을 검열로

억누르는 것이다. 한 나이 든 부인이 군인들과 대화를 하고 있는 꿈을 꾸었는데 성행위와 관련된 이야기가 나오려 하면 어디서 웅성거리는 소리가 들려 그것이 무슨 말인지 모르게 된다. 나이 든 여자가 젊은 남자들과 그런 쌍스런 이야기를 해서는 안 된다는 그녀의 초자아의 검열이 작용한 것이다. 자기가 그럴 수 없는 상대와 노골적인 애정 행위를 하려 할 때 누군가가 대문을 두드린다는 등의 꿈도 그런 2차적 가공의 결과로 보면 될 것이다.

[3] 錯誤行爲(=失錯行爲)의 분석

자유연상법으로 환자의 弄談·失言·우연한 언행 등을 분석하면 그 의미가 드러나게 할 수 있다. 루소는 어떤 곳으로 갈 때 항상 어느 곳을 우회해 갔다. 나중에 그 이유를 알게 되었는데 바로 가는 길에는 자기가 싫어하는 거지가 있었기 때문이었다. 그런 것이 착오행위이다. 그 집에 좀 더 있고 싶은데 나오지 않을 수 없어 나왔을 때 잊어버리고 우산을 놓고 나오거나, 새 물건이 갖고 싶을 때 헌 것을 잃어버리거나 실수로 망가뜨리게 되는 것 등이 그런 경우다. 실제로 생일을 며칠 앞둔 어린이는 낡은 인형이나 학용품 같은 것을 잃어버리거나 망가뜨리는 경우가 많다. 새 것을 선물 받고 싶다는 잠재된 소망이 그런 실착 행위로 나타나는 것이다. 싫은 일을 모면하고 싶을 때도 흔히 실수를 한다. 마음이 내키지 않는 사람을 만나러 갈 때 차의 환승 역에서 실수로 집으로 되돌아오는 차를 타 버리는 일은 흔히 있는 것이다. 한 해부학자의 실수는 재미있는 사례가 된다. 그는 어느 자리에서 鼻腔에 관한 강의를 한 후 "이에 관해서 잘 알고 있는 사람은 인구 백만의 이 도시에서 한 손가락 – 아니, 다섯 손가락으로 셀 정도밖에 없습니다."라고 했다. 이 이론을 제대로 알고 있는 사람은 나밖에 없다는 그의 자부심이 「한 손가락」이란 실수로 나타났던 것이다.

5. 老子의 《道德經》 外

　　老莊思想이란 老子와 莊子의 사상을 합쳐서 부르는 말이다. 老子는 중국 春秋時代 楚나라 사람으로 본명은 李耳다. 司馬遷의 『史記列傳』에 의하면 그는 孔子와 동시대(孔子는 B.C. 551~479 사람) 사람으로 周나라의 도서관 司書를 지냈다. 그는 81장 5천 語로 된 《道德經》을 남긴 道家의 宗主다. 莊子는 본명이 莊周로 老子와 거의 같은 시대 사람으로 알려져 있다. 그는 63세를 살았다는 설도 있고 75세 또는 83세까지 살았다는 설이 있는데 《莊子》 34편을 남겼다. 이제 老莊思想을 朴異汶의 정리를 참고하여 철학, 종교, 이념의 세 측면에서 살펴보기로 하겠다.

[1] 철학으로서의 老莊思想

　　老莊思想은 道가 무엇인가 하는 철학 곧 道에 관한 철학이다. 그것은 존재에 대한 개념을 설한 존재론이자 언어에 대한 철학적 견해를

老子 (B.C.5~6) 중국 春秋戰國 시대의 楚나라 사상가로 본명은 李耳. 道家의 시조로 불리는 그는 儒敎의 仁義禮學에 맞서 인간은 인위적 기교와 智를 배격하고 無爲自然의 도에 귀의해야 한다고 주장했다. 그의 사상은 莊子에 의해 계승, 발전되어 중국 정신사의 한 축을 이루고 있다.

말한 언어철학이다. 다시 말하면 老莊思想은 언어와 그것이 의미하는 물질적, 비물질적 대상과의 관계를 말하는 철학이자 존재에 관한 언어의 열등성을 말하는 사상이다. 여기서 언어의 대상에 대한 열등성이란 바로 道란, 말로 무엇이라고 할 수 없는 것이란 뜻이다. 道可道非常道 ─ 道를 말로 했을 때는 道가 아니다 라고 한《老子》제1장, 道常無名 ─ 道는 영원하여 이름이 없다고 한 제32장, 道隱無名 ─ 道는 숨어 있어 이름이 없다고 한 제41장이 그 철학사상의 핵심이다. 이는 베르그송이 한 말과 상통하는 것이다. 그는 언어는 존재를 있는 그대로 나타낼 수 없을 뿐 아니라 존재를 왜곡한다고 했다. 왜냐하면 존재의 본질은 흐름(變轉)인데 말은 그것을 고정해 버린다는 것이다. 예를 들면 '水'란 존재의 본질은 흐름인데 그것을 '물'이라고 말해 버리면 말하는 그 순간 물이란 액체, 고정된 의미로 굳어져 버린다는 것이다. 다시 말하면 고정되어 있는 것이 아닌 사물을 고정되게 하는 것은 사물을 왜곡하는 것이 되는데 언어가 바로 그렇게 한다는 것이다. '구름' '사람'의 경우도 마찬가지다. 구름은 끊임없이 흐르고 변하는 것이 그 본질인데 그것을 '구름'이라고 부르면 그 순간에 그 본질을 잃어버리게 된다는 것이다. 사람의 경우도 그러해서 마하트마 간디가 '사람을 어떤 사람이라고 평가하지 말라, 네가 그렇게 평가할 때의 그는 이미 그때의 그 사람이 아니다'라고 한 것도 그 때문이다.

　그러면 老莊에 있어서 道란 무엇인가? 老莊은 道를 자연이라고 했다. 老子는 道法自然 ─ 道는 자연을 본받는다고 했다. 일반적인 의미에서의 자연이란 인간에 의해 변형되지 않은, 인간 외의 모든 현상이다. 그런데 老莊이 말하는 자연은 이와 약간 상이하다. 그것은 어떤 대상 아닌 한 대상의 존재 양태다. 즉 자연이란 고정된 사물 뿐 아니라 사건, 동작에도 적용되는 것이다. 여기서는 물, 물의 흐름, 생물의 생성, 사람의 동작도 자연이다. 그것은 인위적인 것과의 대립개념이다. 그러므로 道는 자연, 그냥 있는 것, 곧 존재 일반을 총칭하는 명사다. 그것은 이름이 붙은, 서술되어 의미화된 존재와의 대립개념이다. 그러니까 老莊에 있어서는 이름을 붙인다는 것은 道 곧 자연을 왜곡하는 일이다. 이에 대해 老子는 無名天地之始(이름 없음이 천지의 시작이요), 有名萬物之母(이름을 붙이니 여러 현상이 개별적으로 존재하게 되었다)라고 하고 있다. 그런데 여기서 그 개별적인 것은 왜곡된 것이라는 것이다. 老子는 또 道有物混成 先天地生(도는 천지로 구별되기 전의 모든 것이 뒤범벅이 되어 있는 것이다)라고 했다. 곧 이름을 붙인다는 것은 대상을 차별, 분단, 분류하는 인식을 낳게 한다는 것이다. 그런데 그러한 인식은 협소한 것으로 대상을 고정, 왜곡한다. 분류, 이름을 붙임은 창조이기는 한데, 그 창조는 곧 파괴를 의미한다. 그래서 老莊은 그와 같은 왜곡을 범하지 않기 위해서는 직관으로, 대상을 분단, 분류, 차별하지 않고 모든 것을 큰 하나, 단일한 전체로 보아야 한다고 하고 있다. 한 마디로 대상을 큰 눈으로 보라는 말인데, 莊子는 그에 대해서 다음과 같은 예화를 들려 주고 있다. 우물 안에서만 살아온 개구리가 어느 날 동해의 자라를 만나 자신은 그 우물 안에서 왕과 같이 살고 있다고 자랑한다. 이에 자라가 자신이 살고 있는 大海를 이야기하자 개구리는 깜짝 놀라 자기가 알고 있는 세계가 얼마나 좁은 것인가를 알게 된다. 이는 인식 협소의 어리석음을 깨우쳐 주려는 寓話라 할 것이다. 원추(鵷鶵·새의 일종＝鳳凰) 한 마리가 남쪽을 향해 날아가고 있었는데 썩은 쥐 한 마리를 물고 날아가고 있던 솔개가 원추를 보고 그것을 빼앗길까봐 꿱꿱 소리를 지른다. 그러나 원추는 그까짓 것은 거들떠보지도 않는다. 이 역시 인식의 협소를 꼬집어 주는 이야기로 받아들여야 할 것이다. 또 이런 이야기도 있다. 미인을 보면 사람(남자)은 혹하지만 새나, 물고기, 짐승들은 달아난다는 것이다. 이 이야기에서 우리는 사람은 대상을 제 식으로만 보아서는 안 된다, 높고 넓은 관점에서 보면 모든 것은 하나다, 선악도 미추도 없다는 교훈을 얻을 수 있다. 그밖에도 《莊子》에는 올빼미는 밤이 되어야 볼 수 있고 학의 다리가 길다고 자르면 학은 슬퍼한다, 북쪽 바다에 鯤이라는 물고기가 있는데 크기가 몇 천리다, 그것이 변해서 鵬이 되었는데 등의 너비가 몇 천리인지 모른다, 9만리 상공으로 올라가 6개월을 계속 난 다음에야 쉰다, 任나라 公子가 會稽山에 앉아 소 50마리를 미끼로 동해에 낚시를 던져 두고 1년을 기다렸다, 드디어 고기 한 마리가 물었는데 그 고기가 버둥거리니 물결 소리가 천리 밖에까지 들렸다, 그 고기를 낚아 올려 포를 떠 온 백성이 포식을 하게 했다고 한 이야기들이 있는데 이는 모두 대상을 좁은 시각으로 보아서는 안 된다, 언제나 대국적인 눈으로 보아야 하며 작은 일에 집착하지 말고 큰 일을 경영하라는 것을 일깨워 주는 寓意를 담고 있다 할 것이다. 우리는 위와 같은 이야기를, 대상을 큰 하나로, 대국적으로 보아야 하며 이름을 붙여 존재를 고정, 왜곡해서는 안 된다는 것을 교훈으로 받아 들여야 할 것이다. 예를 들어 누군가가 재혼을 했을 때 그녀를 '繼母'라고 불러 버리면 듣는 사람은 그녀를 곧 바로 '전처소생을 구박하는 표독한 여자'로 받아들이기가 쉽다. 이름으로 존재를 고착, 왜곡해 버렸기 때문이다. 그런 이름 붙임은 '부인과 사별하고 새로 맞은 사람'이라고 불렀을 때, 곧 이름으로 얽매어 버리지 않았을 때와는 그 사람의 이미지가 좋지 않은 방향으로 크게 뒤틀려 버리게 한다. 폭행으로 형사처벌을 받은 일이 있는 사람의 경우도 그렇다. '전에 사람을 때려 처벌을 받은 적이 있는 사람'이라고 했을 때보다는 '前科者'라고 이름을 붙였을 때 그 사람이 더욱 나쁜 사람으로 보이게 되는 것이다.

그런데 여기서 한 가지 의문이 제기될 수 있다. 곧 道는 언어로 표현되어서는 안 된다는 것이 老莊思想의 대전제인데 그렇다면 그들은 왜 《道德經》《莊子》 등으로, 그들의 사상을 언어로 표현했는가, 이는 너무도 명백한 자가당착의 모순이 아닌가 하는 것이다. 老莊은 우리가 그들의 사상에 접할 수 있게 하기 위해서 부득이 최소한의 언어가 필요했던 것이다. 그래서 老莊은 道는 x다, y다 라고 긍정적인 테두리 안에서 설명하지 않고 道는 x도, y도 아니다 라는 부정적인 표현을 하고 있다. 곧 이것도 저것도 아니라고 설명해 그 답을 직관에서 찾으라고 하고 있는 것이다. 다시 말하자면 老莊思想에서의 道는 모두가 부정적으로 설명되어 최대한 언어를 배제하고 있어 老莊은 그 나머지를 우리의 직관에 맡기고 있는 것이다.

또 다른 의문이 하나 있으니 그것은, 그들은 존재를 하나로, 전체로 보아야 한다고 하고 있는데 과연 하나로서의 존재, 전체로서의 존재란 것이 있을 수 있는가 하는 것이다. 왜냐하면 대상인 그 무엇을 말하는 순간, 그것을 말하는 사람, 주체자가 그 대상과 구별되기 때문이다. 곧 대상, 무엇을 말하면 그 순간에 대상과 그것을 말하는 사람이란 두 부분으로 나누어지는데 그러면 하나로서의 존재, 전체로서의 존재는 있을 수 없게 되는 것이 아니냐 하는 의문이 제기되는 것이다.

그러나 그래도 하나, 전체로서의 존재는 가능하다. 왜냐하면 인간은, 자연과 서로 대립하면서 한편으로는 자연의 작은 한 부분이기 때문이다. 곧 인간은 자연과 이중의 관계를 가지고 있다는 것을 직관할 수 있기 때문이다. 이는 데카르트의 말에서 그 이해의 길을 찾을 수 있다. 그는 인간은 二元的 존재라고 했다. 곧 인간은 한 쪽은 의식이 없는 사물현상으로서의 존재, 곧 卽自存在이고 다른 한 쪽은 의식을 가진 존재, 곧 對自存在라는 것이다. 老莊은 인간은 바로 卽自存在이면서 對自存在라고 하고 있다고 보면 될 것이다. 그것은 다음과 같이 설명할 수 있다. ① 인간은 자기 아닌 대상을 의식한다. ② 그러면서 또 대상을 의식하는 자기를 의식한다. 곧 自意識의 존재다. ③ 다시 인간은 자신이 自意識을 가졌음을 의식한다. 곧 대상을 의식하는 자기를 의식하는 자기를 의식한다. ①의 경우는 의식과 대상이 분리되어 있다. 그러나 ②의 경우는 주체와 대상이 떨어져 있지만 존재의 입장에서 보면 둘 사이에 거리는 없다. ③의 경우, 자의식을 가진 자기를 의식함에 있어서는 더욱 대상과 주체는 뗄 수 없는 하나, 전체가 된다. 즉, 卽自와 對自 모두인 '나' 는 자연의 한 부분으로서의 '나' 인 것이고 그것은 바로 하나, 전체로서의 존재인 것이다.

老莊에 따르면 우리는 대상을 하나, 전체로 보지 않고 소국적으로 보기 때문에 제대로 보지 못한다. 나뭇가지는 인간의 눈으로 볼 때 뗄감도 되고 재목도 되지만 새의 눈으로 보면 그들이 깃들 곳이다. 모든 존재는 존재 자체가 그런 것이 아니라 사람이 존재를 언어로 구별하기 때문에 그렇게 비칠 뿐인 것이다. 존재, 사물은 '그 자체가 그럴 뿐' '그렇게 있을 뿐' 이다. 그런 점에서 有用無用의 이야기도 들을 만한 것이다. 사람이 걸어갈 때 필요한 것은 발이 딛고 있는 땅이고 나머지 땅은 무용한 것이다. 그런데 딛은 땅만 남기고 나머지 땅은 수십 길 파내 버리면 걸어 갈 수 없다. 그렇게 보면 유용한 땅이 무용한 땅이고 무용한 땅이 유용한 땅인 것이다. 또 우리는 흙을 이겨서 그릇을 만드는

데 실제로 쓰이는 것은 흙으로 된 것이 아니라 아무 것도 없는 그 빈 곳이다. 그러니까 필요한 것이 불필요한 것이고 불필요한 것이 필요한 것이다. 오늘날 우리가 간혹 듣게 되는 새 잡는 그물 이야기도 그런 것이다. 새는 그물 한 코에 걸려 잡히지만 그물 한 코만 가지고는 절대로 새를 잡을 수 없다. 그러므로 有用無用說은 여기에도 적용이 되는 것이다.

대상을 하나, 전체로 보면 세상이 다르게 보인다. 老子의 다음 글들은 그것을 간략하게 말해 주는 것이다. 그는,

① 山是山 水是水 – 산은 산이요 물은 물이다.

② 山不是山 水不是水 – 산은 산이 아니요 물은 물이 아니다.

③ 山是水 水是山 – 산은 물이요 물은 산이다.

④ 山是山 水是水 – 산은 산이요 물은 물이다 라고 했다.

위에서 ①은 일상에서 우리가 생각하는 그대로의 산이요 물이다. ②와 ③은 산과 물을 무한히 變轉하는 전체로서의 宇宙로 본 것이다. 그럴 때 ②처럼, 장구한 세월을 두고 보았을 때 지구는 융기하고 침강한다. 지구 저변에는 맨틀이 있어 끊임없이 움직이고 있다. 아프리카와 남미는 옛날 한 대륙이었다. 아프리카 西岸과 남미 東岸은 서로 짜맞출 수 있는 모양을 하고 있어 그것을 보여준다. 높은 산 정상에서 조개껍질이 발견되고 깊은 해저에서 옛 도시가 발견되고 있는데 이것도 지구가 침강과 융기로 끊임없이 변하고 있음을 보여주는 것이다. 그렇게 보면 산은 산이 아니다. 그리고 물은 흐른다. 그리하여 물은 강이 되고 바다가 되고 수증기가 된다. 그렇게 보면 물은 물이 아니다. ③의 경우 桑田碧海란 말이 이를 뒷받침해 준다. 뽕나무밭이 푸른 바다가 되는 것이 이 세상이니 산이 물이고 물이 산인 것이다. ④의 경우는 대상을

하나의 전체로 본 것이다. 거기에는 ② ③의 경우는 물론 ①에서의 세속적, 소국적으로 본 그 산, 그 물도 전체의 한 부분으로 포함되어 있다는 말이다.

老子는 希言自然(자연은 말이 드물다), 知者不言 言者不知(아는 사람은 말이 없고 말하는 사람은 모르는 사람이다)라고 거듭 언어를 부정하고 있다. 말로 대상을 고정, 한정, 왜곡하지 말고 대상을 큰 하나, 전체로 보라, 마치 산 위에서, 또는 비행기를 타고 아래를 내려다 보았을 때처럼 이 세상을 큰 한 덩어리로 보라는 것이다. 인식을 그렇게 하라는 것이다.

[2] 종교로서의 老莊思想

老莊思想은 종교인가? 좁은 의미에서의 종교는 인간 문제의 궁극적인 해답으로서 어떤 敎理를 믿는 것이다. 그런데 老莊思想에 敎理 같은 것은 없다. 타락하고 俗化된, 道敎란 것이 있으나 그것은 엄격히 말해 老莊思想과 상관없는 미신이나 다름없는 것이다. 俗化한 道敎는 老莊思想을 除災招福의 길로 왜곡되게 받아들인 것으로 神仙思想 같은 것이 그 예다. 莊子는 「逍遙遊篇」에서 묘고야산에 神人이 사는데 그는 바람과 이슬을 먹고 구름을 타고 다닌다고 했다. 또 「齋物篇」에서는 至人이 있는데 그는 불을 뜨거워하지 않고 얼음을 차가워하지 않으며 하늘을 날아다닌다고 하고 있다. 이는 道와 일치한, 얽매임 없이 사는(不羈) 삶을 상징적으로 표현한 말일 뿐 실제로 그런 사람은 없다. 또 莊子는 「大宗師篇」에서 사람이 行氣法(심호흡법)을 행하면 죽지 않고 영원히 살 수 있다(延年不死)고 했는데 이 또한 자연에 따라 살면 신선과 같은 생을 살 수 있다는 것을 비유적으로 한 말이다.

그는 「盜跖篇」에서 사람의 명은 오래 살아야 백세요 웬만큼 사는 사람은 80세며 그렇지 않으면 60세밖에 살 수 없다고 분명히 말하고 있다. 그런데 莊子가 비유적, 상징적으로 한 '不死'란 말에 매달려 신선이 되려고 丹藥 같은 것을 만들어 먹다 많은 사람이 목숨을 잃었다. 唐太宗 등 다섯 명이나 되는 중국의 황제도 그러다 제 명을 다 살지도 못하고 죽었다. 丹藥은 그 주성분이 水銀인데 그것을 장복했으니 중금속 중독으로 죽을 수밖에 없었을 것이다. 秦始皇도 不老草를 구하려 했지만 사기만 당하고 노상에서 병사하고 말았다. 우리나라에도 그와 유사한 이야기들이 전해 오고 있다. 옛날 한 젊은 여자가 머리가 허연 노인을 회초리로 때리고 있었다. 이를 본 사람들이 이럴 수가 있느냐고 했더니 자기는 仙藥을 먹어 지금 2백 살인데 그 아들이 시키는 대로 약을 먹지 않아 80살 밖에 안 되었는데 이 모양이라고 매질을 하고 있다 하더라는 것이다. 이 역시 황당하기 짝이 없는, 지어낸 이야기에 불과하다. 그러니까 그런 신선사상과 같은 道敎는 미신일 뿐 종교가 아니다.

그러나 老莊思想은 진정한 의미에서의 종교의 성격을 가지고 있다. 왜냐하면 老莊思想은 교리는 없으나 인간의 근본적인 문제에 대한 해결책을 제시해 주고 있기 때문이다. 곧 인간의 문제인, 사람은 어떻게 살 것인가에 대한 해답을 주기 때문이다. 이제 일반 종교와 道敎는 어떻게 그 성격이 다른가부터 살펴보기로 하겠다.

일반 종교는 신자가 많고 적고 간에 거의 모두 철학자, 지식인들로부터 비판을 받아왔다. 마르크스는 종교를 인민의 아편이라고 했다.

그것은 지배자가 발명한 것으로 피지배자를 체념하여 양처럼 순종하게 만들려 한 것이라는 것이다. 기독교는 소위 原罪를 내세워 인간은 모두가 죄인이라 그렇다, 그러므로 인간이 겪는 고통은 당연한 시련이다, 참고 견디면서 속죄의 기도를 하라, 그러면 내세에 가서 구원을 받게 될 것이라고 한다. 마르크스에 의하면 이 신앙은 왕조 시대와 중세 기독교 전횡 시대에 인간을 그렇게 속여 왔다는 것이다. 또 니이체는 종교를 피지배자들이 만든 것이라고 했다. 그는, 그들 노예적 인간들이 자신들의 정신적 고통에서 도피하기 위해서 그것을 만든 자기기만이라고 했다. 자본주의 시대의 종교가 바로 그것이라는 것이다. 한편 프로이트는 그것을 자신의 無力을 자각한 인간들이 죽음의 공포에서 벗어나기 위해서 생각해낸 것이 종교라고 했다.

일반적인 종교 특히 기독교는, 잘하면 상을 주고 잘못하면 벌을 주는 人格神을 믿는다. 이 종교는 인간의 공포를 해결하는 것을 문제로 삼는다. 거기서는 인간의 죄를 강조하고 신으로부터의 벌에 대한 공포를 갖게 하고 신에 대한 무조건적인 복종을 요구한다. 앎이나 논리는 거기에 설 곳이 없다. 성경에서 아브라함이 신의 명에 따라 그 아들을 제물로 바치려 하는 데서도 그것을 알 수 있다. 기독교에서는 맹신이 전제조건이므로 거기서는 버트란드 러셀의 原因論이나 來世 不信論 같은 것도 먹히지 않는다. 모든 문제의 해결은 신에 의한 구원에 있다. 그러므로 依他的이고 수동적이며 사람이 할 수 있는 것은 속죄의 기도뿐이다. 기독교에서는, 인간은 신으로부터 용서를 받아 초월적 세계, 이 세상 아닌, 딴 곳(천당)에 가서 구원받기를 바라야 한다.

道敎 역시 인간이 고통에서 벗어날 길을 찾으려 한다. 그러나 거기에 人格神 같은 것은 존재하지 않는다. 道敎에서의 문제는 憂患(근심

걱정 질병)이다. 道敎는 인간의 어리석음으로 인한 착각, 착오에서 생기는 우환을 해결하려 한다. 그 방법은 앎을 통하는 것인데 이 때의 앎은 어떤 발견이 아니라 이미 알고 있는 것을 새로운 관점에서 보고 깨달음을 얻는, 일종의 해탈(벗어남)이다. 그런 점에서 道敎는 참선을 통해 열반에 이르려는 불교와 일맥 상통하는 데가 있다.

깨달음으로서의 앎은 일상에서도 쾌감을 준다. 우리는 수학에서 직삼각형의 빗변의 제곱은 다른 두 변의 제곱의 합과 같다는 것을 안다. 그런데 교사로부터 단순한 지식으로 전해 받아 암기하고 있을 때보다 피타고라스 정리로 풀어서 알게 되면 無償의 희열 같은 것을 느낀다. 그것은 의식의 외부 곧 대상의 문제가 아닌 자신의 내부의 문제로, 그렇게 문제를 풀어서 완전히 이해를 하고 알게 되면 심리적으로 무한한 해방감을 얻게 된다. 그것은 관점의 울타리를 벗어나는 쾌감이다. 아인슈타인이 어릴 적에 피타고라스 정리를 알았을 때, 지구의 자력 때문에 나침반이 항상 북쪽을 가리킨다는 것을 알았을 때 말할 수 없는 경이감을 느꼈다고 한 것도 그 때문이다. 프로이트의, 정신분석에 의한 정신질환의 치료도 그런 원리에 입각한 것이다. 정신질환자는 자신의 정신적인 문제의 원인을 알면 그 질병의 고통으로부터 해방이 될수 있는 것이다.

老莊도 앎, 깨달음으로 우환이란 문제를 해결하려 한다. 그러나 그것은 위에서 말한, 수학문제 풀이나 정신질환 치료와는 본질적으로 다른 데가 있다. 수학이나 정신분석의 경우는 개별적인 문제, 하나하나의 문제를 해결할 수 있을 뿐이다. 그러나 老莊의 경우는 근본적인 문제, 모든 문제를 포괄적으로 해결하려 한다. 곧 사물, 현상을 새로운 각도에서 보아 인간이 가진 모든 문제, 우환을 해결하려 하는 것이다.

이 때의 새 관점이란 소국적, 상대적인 입장에서 벗어나 대상을 대국적, 우주적 입장에서 본다는 것이다. 莊子는 그의 아내가 죽었을 때 동이를 두드리며 노래한다(鼓盆之痛 -「至樂篇」). 그는 생은 천지의 기운의 습으로 잠깐 빌려 온 것이므로 삶과 죽음은 밤, 낮과 같은 것이다, 곧 죽음은 천지의 한 '化' 에 불과한 것인데 '化'를 슬퍼할 이유가 없다는 것이다. 生도 기운이 모인 일시적 현상으로 곧 無로 돌아간다. 그러므로 오래 사나 일찍 죽으나 아무런 차이가 없다. 모든 사물, 사건, 현상의 변화도 오직 하나로서의 존재의 여러 차원 혹은 측면에 불과한 것이다. 老莊은 희로애락, 생사 모두 대자연의 이치로 인간은 그에 따라야 한다고 말하고 있다. 그 자연의 이치를 받아들이면 인간은 悠然自若(여유 있음. 평상시와 같음), 마음의 평화와 즐거움을 가질 수 있다는 것이다. 그 즐거움이 바로 老莊에서 말하는 至樂이다.

기독교에서 천당에 가는 길은 기도다. 그런데 老莊에 있어서 至樂에의 길은 無爲다. 無爲는 아무 행동도 않음이 아니라 행동하지 않고 행동함이다. 행위 않음도 하나의 행위이다. 그것은 사르트르가 선택하지 않는 것도 하나의 선택이라고 말한 것과 같다. 이 때의 '행위 않음' 은 無爲이되 爲인데 여기서의 爲는 人爲가 아닌 爲다. 그러면 人爲란 무엇인가? 그것은 자연과 대립되는 爲이다. 인간은 자기를 주체로 파악하고 자연을 그에 대립되는 대상으로 대해 왔다. 곧 자연을 자신의 욕구를 채우기 위한 도구로 보아 자연과, 주체와 도구로서의 관계를 가지게 되었다. 이는 인위적인 관계인데 그것은 곧 知的인 관계다. 인간은 지적 기능이 있어 자연을 도구로 보는데 거기서 人爲가 생기는 것이다. 지적, 인위적 행위와 智 이전의 행위를 살펴보자. 물이 강을 따라 흐르는 것, 매이지 않은 배가 물 위에 떠 있는 것, 물고기가 눈 앞의 벌레를 삼키는 것, 幼兒의 젖 빨기, 이런 것이 智 이전의 爲이다. 한편, 낚시질, 덫을 놓아 짐승 잡기 등 奸智, 狡智는 자연을 거스르는 人爲이다. 그래서 老莊은 智를 규탄한다. 莊子는 落馬首 穿牛鼻是謂人(말의 목에 굴레를 씌우고 쇠코를 뚫는 것은 人爲이다)이라고 했는데 그러한 구절이 바로 人爲란 어떤 것인가를 말해 주고 있다. 그래서 老子는 知不知上(알면서 알지 못하는 것이 제일이다), 不知知病(모르면서 안다는 것이 병이다)이라 하고 絕學無一憂(학문을 끊으면 근심이 없어진다)라고 했다.

문화는 자연을 智로 극복한 智의 소산이다. 그것은 과학을 도구로 하여 자연을 인간화한 것이다. 그러므로 문화, 과학은 아편처럼 당장은 편리를 주지만 인간 행복의 조건을 근본적으로 파괴하는 것이다. 智에 의한 문화는 인간을 자연에서 소외시키며 자연을 파괴하고 인간을 불행에 빠뜨린다. 그러므로 無爲無僞 곧 인위적인 행동을 하지 않을 때 거짓은 없어진다. 그러니까 反文化的, 反人爲的 행동의 원칙에 따라 행동하는 것이 곧 無爲이다. 그리고 無爲 곧 不行動의 원칙의 실천은 곧 「爲」이다. 그 「爲」는 인간 우환의 근원인 인간과 자연, 문화와 자연과의 거리를 제거하는 「行爲」이다. 그러므로 道常無爲 而無不爲(道는 아무 것도 하지 않으면서 하지 않는 일이 없다), 또 至於無爲 無爲而無不爲(無爲의 경지에 이르면 아무 것도 하지 않으면서 하지 않는 것이 없다)의 논리가 성립하는 것이다. 그러니까 한 마디로 無爲는 곧 爲인 것이다.

老莊에 따르면, 결론적으로 말해 인간의 우환은 모든 존재의 자궁 속, 자연으로 돌아감으로써 근본적으로 해결될 수 있는 것이다. 곧 자연에의 歸依, 자연과의 조화, 자연스런 행위, 자연대로 사는 것이 인간

우환 해결에의 길인 것이다. 老子가 道法自然(도는 자연을 따른다)이라고 한 것도 그 때문이다. 그러니까 인간은 길이 굽어 있으면 억지로 펴지 말고 길 따라 가고, 배가 고프면 먹고 물이 흐르면 흐르게 두어야 한다. 고속도로를 만들면 짐승들의 길이 막히고 인간의 삶이 기계화하고, 삭막해진다. 댐을 쌓으면 강이 썩고 사람이 병든다. 사람이 지나치게 식욕, 美食을 탐하면 몸에 탈이 생기고 윤리, 규범을 세워 인간 생활을 강제하고 통제하면 세상은 비인간화하고 병들게 되니 사람은 無爲로 모든 우환에서 벗어나야 한다는 것이다.

[3] 이데올로기로서의 老莊思想

인생의 목적은 樂을 찾는 것이다. 인간에게 가능한 한 즐겁게 살려는 것 외에 다른 목적은 없다. 老莊의 철학은 이 樂을 찾으려는 행복의 철학, 낙천주의의 철학이다. 그런데 그 樂을 어디서 찾을 것인가가 문제다. 老莊思想에서는 부귀, 권력 등 세속적인 樂은 부정된다. 莊子는 楚나라 왕이 벼슬을 주려 했을 때 이를 거절하면서 거북을 말려 좋은 천에 싸 나라 제사 때 묘당에 모시는 것보다 그 거북이 살아 진흙 속에서 꼬리를 끌고 있는 것이 더 낫지 않겠느냐고 말한다. 老莊은 그러한 세속적인 영화에서가 아니라 세계를 보는 눈을 바꾸어 거기서 樂을 찾으라고 한다. 인생은 이렇게도 저렇게도 볼 수 있다. 절반이 든 술병이 있을 때 그것을 반이 비었다고도, 반이 차 있다고도 할 수 있다. 인생을 괴로운 것, 슬픈 것으로 보면 그것은 비극이요 눈물이다. 그러나 즐길 수 있는 것, 재미있는 놀이로 보면 그것은 희극이요 웃음이다. 욕망을 버리고 주어진 삶의 조건을 있는 그대로 받아들이면 삶은 아픔이나 괴로움이나 비극이 아니다. 그것은 재미있는 놀이, 재미있는 사건, 즐거운 과정이다. 老莊은 인생을 하나의 놀이, 축제, 산책, 하나의 逍遙로 보아야 한다고 했다. 발레리는 시는 춤이요 산문은 걸음이라고 했다. 춤은 그 자체가 목적이라 즐겁다. 그러나 걸음은 어디로 가려는 목적에 얽매이기 때문에 그것은 고단한 노역이다. 삶은 어떤 목적을 위한 수단이 아니라 그 자체가 목적이므로 삶, 그 자체를 즐겨야 한다. 老莊에 있어서 삶은 逍遙 곧 들길이나 산길을 소풍하는 것과 같은 것이다. 흐르는 물소리, 시원한 바람, 자연의 변화를 맛보고 즐기는 것이다. 老莊은 대국적 관점에서 보면 그런 逍遙가 가능하다고 말한다. 말하자면 비행기에서 내려다 보면 내 집, 내 땅, 우리 도시, 내 나라 하고 집착하는 것이 덧없고 하찮다는 것을 알게 되는 것과 같다는 말이다. 결국 삶은 물과 같이 자연스런 것이어야 한다는 것이다. 그래서 老子는 上善若水 水善利萬物不爭(으뜸가는 선은 물과 같으니 물은 모든 것을 이롭게 하면서도 다투지 않는다)이라고 하고 있는 것이다.

6. 孔子의 《論語》

　동양의 聖傳이라 할 《論語》는 孔子의 말과 그 제자 및 동시대인들과의 문답 등을 수록한 책으로 옛날부터 널리 읽혀 왔다. 사실은 더욱 정확하게 말해 근 2세기 반에 걸쳐 수많은 儒者들이 외워(愛誦)온 책이 《論語》다.

　孔子의 이름은 丘, 字는 仲尼로 中國 春秋戰國時代의 사람이다. 魯나라에서 태어난 그는 젊은 시절 會計나 목축의 일을 맡아 보는 하급 관리 생활을 하다가 50대에 長官, 司空, 大司寇가 되어 정치 무대에서 활약을 했다. 그는 56세 때 정치적인 모략에 휘말려 자신의 뜻을 펼칠 수 없게 되자 魯나라를 떠나 이후 10여 년간 衛·陳·宋·鄭·蔡·楚 등 여러 나라를 遊說하며 德治主義와 道德主義의 세상을 구현하려 했지만 그의 이상은 실현되지 않았다. 68세에 다시 고국으로 돌아온 그는 제자 교육과 古書 정리에만 몰두했다. 그의 가르침을 받은 제자는 모두 3천여 명인데 그 중 顔回·子路·子夏와 같은 뛰어난 제자만도 70여 명에 이른다. 그런 의미에서 孔子는 큰 학자요 사상가이자 교육자라 해야 할 것이다.

孔子 (B.C.145~479) 이름은 丘, 字는 仲尼. 중국 春秋戰國時代 魯나라에서 태어난 그는 한 때 宰相의 직위에까지 올랐으나 정치에서 뜻을 펴지 못하고 列國을 유세하다 귀국해 학문과 교육에 전념하여 《詩經》《書經》《春秋》 등을 정리하고 3천여 명의 제자를 양성했다.

《論語》에는 우리 시대의 실정에는 맞지 않는 말도 없지 않다. 그러나 전반적으로 인류사에 있어서 불후의 진리를 말하고 있는 것만은 틀림이 없다. 근래 우리 주변에는 '孔子가 죽어야 나라가 산다' 느니 하는 말을 한 사람이 있는데 이는 설익은 자신의 글을 팔려는 목적에서 한 것으로 오늘을 사는 젊은이들은 그와 같은 凌犯尊貴의 경망한 말에 귀를 기울여서는 안 될 것이다.

《論語》는 學而·爲政·八佾·里仁·公冶長·雍也·述而·泰伯·子罕·鄕黨·先進·顔淵·子路·憲問·衛靈公·季氏·陽貨·微子·子張·堯曰 등 스무 편으로 되어 있는데 孔子가 세상을 떠난 상당한 세월 뒤에 편찬된 것이라 후세의 글도 얼마간 끼어들어 있는 것으로 보고 있다.

《論語》는 책 전체가 한 문장도 버릴 것이 없는 명언들이나 여기서는 그 중에서도 孔子의 진면목을 알아 볼 수 있게 해 주는 구절들만 발췌해 실었다.

學而時習之 不亦說乎 有朋自遠方來 不亦樂乎 人不知而不慍 不亦君子乎
(배우고 때로 익히니 역시 기쁘지 않으리. 벗이 있어 멀리서 오니 역시 즐겁지 않으리. 남이 알아주지 않아도 성내지 않으니 역시 군자가 아니겠는가.)

曾子曰 吾日三省吾身 爲人謀而不忠乎 與朋友交而不信乎 傳不習乎
(증자가 말하기를 나는 하루 세 번 반성한다. 누가 의논을 해 왔을 때 불성실하게 대하지는 않았나, 벗을 사귐에 있어서 믿음이 없지는 않았나, 배운 것을 익히지 않지 않았나 하는 것이 그것이라고 했다.)

子貢曰 貧而無諂 富而無驕何如 子曰 可也 未若貧而樂 富而好禮者也

(자공이 가난해도 아첨하지 않고 부유해도 교만하지 않다면 그에 대해 어떻게 생각하느냐고 묻자 공자는 좋지, 그러나 가난해도 즐기고 부유해도 예를 지키는 것만 같지는 않다고 했다.)

子曰 不患人之不己知 患不知人也(이상 學而篇)
(공자가 말하기를 남이 자기를 알아주지 않음을 걱정하지 말고 내가 남을 모르는 것을 걱정하라고 했다.)

子曰 道之以政 齋之以刑 民免而無恥 道之以德 齋之以禮 有恥且格
(공자가 말하기를 정치로 다스리고 형벌로 다스리면 백성이 빠져나가려고만 하고 부끄러움을 모르며, 도로 다스리고 예로 다스리면 백성이 부끄러움을 알고 인격을 가지게 된다고 했다.)

子曰 吾十有五而志于學 三十而立 四十而不惑 五十而知天命 六十而耳順 七十而從心所欲不踰矩
(공자가 말하기를 나는 열다섯 살에 학문할 뜻을 세우고 서른 살에 홀로 서고 마흔 살에 미혹함이 없어지고 쉰 살에 천명을 알고 예순 살에 무슨 말을 들어도 귀에 거슬리지 않았으며 일흔 살에는 하고 싶은 대로 해도 법도에 어긋남이 없었다고 했다.)

孟武伯問孝 子曰 父母唯其疾之憂
(맹무백이 효란 무엇이냐고 물었다. 공자는 부모는 오직 자식이 병들까를 걱정한다고 말했다.)

子貢問君子 子曰 先行其言 而後從之
(자공이 군자란 어떤 사람이냐고 물었다. 공자는 먼저 말을 실천에 옮기고 다음에 거기에 따르는 사람이라고 했다.)

君子周而不比 小人比而不周
(군자는 두루 사귀되 패거리를 만들지 않고 소인은 패거리를 짓되 두루 사귀지 않는다.)

子曰 由 誨女知之乎 知之爲知之 不知爲不知(이상 爲政篇)
(공자가 말하기를 유야, 네게 앎이 무엇인가를 가르쳐 주마, 자신이 무엇을 알고 무엇을 모르는가를 아는 것이 앎이다 라고 했다.)

林放問禮之本 子曰 大哉問 禮與其奢也寧儉 喪與其易也寧戚(八佾篇)
(임방이 예의 근본이 무엇이냐고 물었다. 공자는 큰 질문이다, 예는 사치하기보다는 검소한 것이다, 장례를 치를 때는 격식을 갖추기보다 슬퍼하는 마음이 있어야 한다고 했다.)

人之過也 各於其黨 觀過斯知仁矣
(사람의 허물은 각각 다르다. 그 사람의 허물을 보면 그 사람이 어진 사람인가 아닌가를 알 수 있다.)

朝聞道 夕死可矣
(아침에 도를 깨달으면 저녁에 죽어도 좋다.)

士志於道 而恥惡衣惡食者 未足與議也
(선비의 뜻은 도에 있다. 남루한 옷을 입고 험한 음식을 먹는 것을 부끄러워
한다면 그는 상대할 사람이 못된다.)

君子喩於義 小人喩於利
(군자는 의를 좋아하고 소인은 이익을 좋아한다.)

君子欲訥於言 而敏於行
(군자는 말이 적고 실행함에 있어서는 민첩하다.)

德不孤 必有鄰(이상 里仁篇)
(덕은 외롭지 않다. 반드시 이웃이 있게 마련이다.)

十室之邑 必有忠信如丘者焉 不如丘之好學也(公冶長篇)
(열 집 밖에 안 되는 작은 마을에도 반드시 나, 공자와 같이 정성스럽고 미
더운 사람은 있다. 그러나 나만큼 학문을 좋아하는 사람은 없을 것이다.)

賢哉回也 一簞食 一瓢飮 在陋巷 人不堪其憂 回也不改其樂 賢哉回也
(어질구나, 회야. 한 그릇 밥을 먹고 한 바가지의 물을 마시고 누추한 곳에
살면 사람은 그 고생스러움을 견디지 못하는데 너는 그러면서도 그 낙을
고치려 하지 않으니 어질다, 회야.)

知者樂水 仁者樂山 知者動 仁者靜 知者樂 仁者壽
(아는 것이 많은 사람은 물을 좋아하고 어진 사람은 산을 좋아한다. 아는 것

이 많은 사람은 움직이고 어진 사람은 조용하다. 아는 것이 많은 사람은 즐기고 어진 사람은 수를 누린다.)

子貢曰 如有博施於民 而能濟衆 何如 可謂仁乎 子曰 何事於仁 必也聖乎 堯舜其猶病諸 夫仁者 己欲立而立人 己欲達而達人 能近取譬 可謂仁之 方也已(이상 雍也篇)
(자공이 만약 널리 백성에게 베풀어 능히 사람을 구한다면 어떻습니까, 그 것을 인이라고 할 수 있겠습니까 하고 물었다. 공자가 말하기를 어찌 그것이 인이겠느냐. 그것은 반드시 성이라 해야 할 것이다. 요순도 오히려 그 일을 못해 근심을 했다. 대저 어진 이는 자기가 서고 싶은 곳에 남을 서게 하고 자기가 도달하고 싶은 곳에 남이 도달하게 하니 가까운 비유를 찾자면 그런 것이 인의 방법이라 할 것이다 라고 했다.)

默而識之 學而不厭 誨人不倦 何有於我哉
(알고도 묵묵히 있고 배움을 싫어하지 않고 사람 가르침을 권태로워하지 않는다. 어찌 내게 그런 일이 있겠느냐.)

德不脩 學之不講 聞義不能徙 不善不能改 是吾憂也
(덕을 닦지 않고 학문을 익히지 않고 의를 알고도 실천에 옮기지 않고 선하지 않은 것을 고치지 않는 것, 그것이 내가 걱정하는 바다.)

飯疏食飮水 曲肱而枕之 樂亦在其中矣 不義而富且貴 於我如浮雲
(거친 음식을 먹고 물마시고 팔을 베고 누웠으니 낙은 역시 여기에 있다. 의롭지 못하게 부귀함은 내게는 뜬구름과 같은 것이다.)

三人行必有我師焉 擇其善者而從之 其不善者而改之
(세 사람이 있으면 거기에 반드시 나의 스승이 있다. 선한 사람을 택해 따르
고 선하지 않은 사람을 보고는 고친다.)

子釣而不網 弋不射宿
(공자는 낚시질은 하되 그물을 쓰지 않고 잠자는 새는 쏘지 않았다.)

奢則不孫 儉則固 與其不孫也寧固(이상 述而篇)
(사치한 것은 곧 불손함이고 검소한 것은 곧 고집스러움이다. 불손한 것보
다는 차라리 고집스러운 것이 낫다.)

恭而無禮則勞 愼而無禮則葸 勇而無禮則亂 直而無禮則絞
(공손하나 예가 없으면 피곤함이요 신중하나 예가 없으면 두려움이다. 용
감하나 예가 없으면 어지러움이요 곧으나 예가 없으면 각박함이다.)

不在其位 不謀其政(이상 泰伯篇)
(자신이 그 자리에 있지 않으면 그 일에 상관하지 말라.)

後生可畏 焉知來者之不如今也 四十五十而無聞焉 斯亦不足畏也
(젊은 사람이 두렵다. 자라는 세대가 기성세대와 같지 않음을 어찌 알랴. 사
람이 마흔 살, 쉰 살이 되어도 아는 것이 없으면 두려워할 바 못된다.)

三軍可奪帥也 匹夫不可奪志也
(삼군의 장수는 빼앗아 올 수 있어도 필부라 할지라도 그 뜻을 뺏을 수는

없다.)

歲寒然後知松柏之後彫也 (이상 子罕篇)
(추워진 뒤에라야 소나무, 잣나무가 잎이 잘 지지 않는다는 것을 알 수
있다.)

色惡不食 臭惡不食 失飪不食 不時不食 割不正不食(鄕黨篇)
(색깔이 나쁘면 먹지 않고 냄새가 나쁘면 먹지 않고 잘 익지 않은 것은 먹지
않고 때가 아니면 먹지 않고 바르게 자른 것이 아니면 먹지 않는다.)

季路問事鬼神 子曰 未能事人 焉能事鬼 敢問死 曰 未知生 焉知死(先進篇)
(계로가 귀신을 섬김에 대해 물으니 공자가 사람을 섬기지 못하는데 어찌
귀신을 섬길 수 있겠느냐고 했다. 또 감히 죽음에 대해 물으니 삶을 모르는
데 어찌 죽음을 알겠느냐고 했다.)

顔淵問仁 子曰克己復禮爲仁 天下歸仁焉 爲仁由己 而由人乎哉 顔淵曰
請問其目 子曰 非禮勿視 非禮勿聽 非禮勿言 非禮勿動
(안연이 인에 대해 묻자 공자는 자신을 이기고 예를 회복하면 인이 되고 천
하가 인으로 돌아온다, 인은 자신으로 말미암아 되는 것이다, 어찌 남으로
인해 인이 되겠느냐고 했다. 안연이 좀 더 자세히 가르쳐 달라고 하자 공자
는 예가 아니면 보지 않고 듣지 않고 말하지 않고 행하지 않는 것이 인이라
고 했다.)

仲弓問仁 子曰 出門如見大賓 使民如承大祭 己所不欲 勿施於人 在邦無

怨 在家無怨
(중궁이 인이 무엇이냐고 묻자 공자는 나가서 사람을 만났을 때는 큰 손님
을 대하듯이 하고 백성을 대할 때는 큰 제사를 모시듯이 하고 자신이 하고
싶지 않은 일은 남에게 시키지 말고 밖에서 원성을 사지 말고 집에서 원성
을 사지 않아야 한다고 했다.)

齋景公問政於孔子 孔子對曰 君君 臣臣 父父 子子
(재경공이 공자에게 정치에 대해 물으니 공자는 임금은 임금답고 신하는
신하답고 아비는 아비답고 자식은 자식다워야 한다고 대답했다.)

季康子問政於孔子 孔子對曰 政者正也 子帥以正 孰敢不正
(계강자가 공자에게 정치에 대해 물으니 공자는 정치는 발라야 한다, 그대
가 솔선해서 바르게 하면 누가 감히 바르지 않을 수 있겠느냐고 했다.)

曾子曰 君子以文會友 以友輔仁(이상 顏淵篇)
(증자가 말하기를 군자는 글로 벗을 모으고 벗으로 인을 돕는다고 했다.)

子路曰衛君待子以爲政 子將奚先 子曰 必也正名乎 子路曰 有是哉 子之
迂也 奚其正 野哉由也 君子於其所不知 蓋闕如也 名不正 則言不順 言不
順 則事不成 事不成 則禮樂不興 禮樂不興 則刑罰不中 刑罰不中 則民無
所措手足
(자로가 말하기를 위나라 왕이 선생님께 정치를 맡긴다면 선생님께서는 무
엇부터 먼저 하시겠느냐고 물었다. 공자는 반드시 명분을 바르게 하겠다고
했다. 자로가 그렇습니까, 그것은 너무 먼 것 아닙니까, 어찌 명분을 바르게

하는 것이라고 하십니까 라고 했다. 이에 공자는 자로가 말을 함부로 하는 구나, 군자가 모르면서 어찌 아는 척 나서느냐, 명분이 바르지 않으면 말이 불순하게 되고 말이 불순하면 일이 이루어지지 않고 일이 이루어지지 않으면 예악이 일어나지 않고 예악이 일어나지 않으면 형벌이 공정하지 못하게 되고 형벌이 공정하지 못하면 백성이 몸 둘 바를 모르게 된다고 했다.)

葉公語孔子曰 吾黨有直躬者 其父攘羊 而子證之 孔子曰 吾黨之直者 異於是 父爲子隱 子爲父隱 直在其中矣
(섭공이 공자에게 우리 마을에 궁이라는 바른 사람이 있는데 그 아버지가 양을 훔치자 관가에 고발을 했다고 했다. 이에 공자가 말하기를 우리 마을 바른 사람은 다르다, 아비는 아들을 숨기고 아들은 아비를 숨긴다, 바른 것 은 그런 것이다 라고 했다.)

剛毅木訥近仁(이상 子路篇)
(강직하여 굴하지 않고 순진하고 느리며 말주변이 없는 것이 인에 가깝다.)

貧而無怨難 富而無驕易(憲問篇)
(가난하면서 원망하지 않기는 어렵고 부유하면서 교만하지 않기는 쉽다.)

人無遠慮 必有近憂
(사람이 멀리 생각하지 않으면 반드시 곧 근심할 일이 생기게 된다.)

君子不以言擧人 不以人廢言
(군자는 말을 잘 한다고 사람을 쓰지 않고 사람이 마음에 들지 않는다고 그

가 하는 말을 폐하지 않는다.)

子公問日 有一言而可以終身行之者乎 子日 其恕乎 己所不欲 勿施於人
(자공이 평생 행해야 할 말 한 마디가 있다면 무엇이겠느냐고 물었다. 공자
는 그것은 남의 사정을 잘 살피는 것이다, 자신이 하고 싶지 않은 일은 남에
게 시키지 말라고 했다.)

巧言亂德 小不忍 則亂大謀
(교묘한 말은 덕을 어지럽게 한다. 작은 일을 참지 못하면 큰 일을 이루기
어렵다.)

過而不改 是謂過矣
(잘못을 고치지 않는 것, 그것이 잘못이다.)

吾嘗終日不食 終夜不寢 以思 無益 不如學也(이상 衛靈公篇)
(내가 일찍이 종일 먹지 않고 밤새도록 자지 않고 생각했으나 이익이 없더
라. 배움만 같지 못하더라.)

益者三友 損者三友 友直 友諒 友多聞益矣 友便辟 友善柔 友便佞損矣
(이로운 친구가 셋, 해로운 친구가 셋 있다. 곧은 사람, 참된 사람, 아는 것
이 많은 사람은 이로운 친구다. 비위를 잘 맞추는 사람, 자기 주장 없이 듣
기 좋은 말만 하는 사람, 아첨하는 사람은 해로운 친구다.)

侍於君子 有三愆 言未及之而言 謂之躁 言及之而不言 謂之隱 未見顔色

而言 謂之瞽

(군자를 모심에 있어 세 가지 해서는 안 될 일이 있다. 모시고 있는 사람의 말이 끝나지 않았는데 말하는 것은 조급한 것이다. 말을 다 듣고도 말하지 않는 것은 숨기는 것이다. 안색을 살피지도 않고 말하는 것은 어두운 것이다.)

君子有三畏 畏天命 畏大人 畏聖人之言

(군자는 세 가지 두려워해야 할 것이 있다. 천명을 두려워해야 하고 대인을 두려워해야 하고 성인의 말씀을 두려워해야 한다.)

君子有三戒 少之時 血氣未定 戒之在色 及其壯也 血氣方剛 戒之在鬪 及其老也 血氣旣衰 戒之在得(이상 季氏篇)

(군자는 세 가지를 경계해야 한다. 젊을 때는 혈기가 넘치므로 색을 경계해야 한다. 장년 때는 혈기가 굳으므로 다툼을 경계해야 한다. 늙어서는 혈기가 쇠하므로 욕심을 경계해야 한다.)

巧言令色 鮮矣仁

(말을 교묘하게 하고 안색을 좋게 꾸미는 사람은 인과 거리가 멀다.)

子公曰 君子亦有惡乎 子曰 有惡 惡稱人之惡者 惡居下流而訕上者 惡勇而無禮者 惡果敢而窒者(이상 陽貨篇)

(자공이 군자도 미워해야 할 것이 있느냐고 묻자 공자가 말하기를 있지, 남의 나쁜 점을 말하는 사람, 남의 밑에 있으면서 윗사람을 헐뜯는 사람, 용기만 있고 예가 없는 사람, 과감하기만 하고 꽉 막힌 사람이 미워해야 할 사람이다 라고 했다.)

7. 司馬遷의 『史記列傳』

　『史記列傳』은 본래 《司馬公書》라고도 불리는 중국의 대 역사서 《史記》의 한 부분이다. 《史記》를 撰한 사람은 漢나라의 司馬遷으로 그는 太史令 벼슬을 살아 太史公이라고도 불린다. B.C. 145년 생인 그는 史家의 후예다. 그의 조부도 史官이었고 그 아버지 談은 太史令을 지낸 사람이다. 司馬遷 부자는 둘 다 한을 안은 사람이었다. 漢 武帝는 B.C. 110년 泰山에서 封禪이라는 의식을 올렸는데 太史令이던 司馬遷의 아버지 談은 직책상 당연히 이에 참석하여 행사 상황을 기록했어야 하게 되어 있었다. 그런데 무슨 연유에서인지 그의 황제 수행은 허락되지 않았다. 談은 그 치욕을 견디지 못해 분사했다. 그는 임종에 앞서 아들 遷에게 조부의 뜻을 받들어 역사 찬술에 진력하라고 유언을 했다. 39세에 太史令이 된 遷은 곧 《史記》 쓰기에 착수했다. 그러나 그에게 그 아버지가 겪은 것보다 더한 시련이 닥쳐 왔다. B.C. 99년 匈奴 정벌에 나섰던 장군 李陵이 적의 기습 포위 공격을 받고 포로가 되는 일이 일어났다. 8만의 적세에 5천 명으로는 어쩔 수 없는 상황이었지만 조정은 그의 처벌을 논의했다. 이 때 遷은 李陵이 역전의 용장이며 중과부적이었던 당시 상황을 들어 처벌이 부당하다고 주장했다. 그것이 武帝의 분노를 사 그는 투옥된 다음 宮刑에 처해졌다. 宮刑이란 고환을 제거하는 벌로 고통과 치욕을 함께 주는 인간 모독적인 혹형이다. 그러한 암울한 세월에도 그는 《史記》 쓰기를 계속했다. 3년 뒤 사면이 된 그는 황제의 비서실장 격인, 宰相과 대등한 자리인 中書슈이 되고 B.C. 91년에는 드디어 《史記》를 완성했다. 이 책은 本紀 12편, 表 10편, 書 8편, 世家 30편, 列傳 70편 등 모두 130편으로 되어 있는 大著다. 本紀는 중국 黃帝에서 漢 武帝까지 역대 왕조, 제왕의 천하 통치 사적의 편년사, 表는 연표, 書는 제도사, 世家는 諸侯國의 역사, 列傳은 중국 역사의 흐름 위에 이름을 드러낸 인물들의 전기다.

《史記》 중에서도 列傳은 압권이다. 이 편은 우선 재미있게 읽을 수 있다는 점에서 그렇다. 기상천외의 인물들의 浮沈은 어떤 미스터리소 설이나 모험소설 못지 않은 흥미를 불러일으킨다. 그뿐 아니라 列傳은 살아 있는 인물들을 통해 그 시대, 사회와 인심을 눈에 선하게 볼 수 있 게 해준다. 또 한 가지, 列傳을 읽으면 이 글이 단순한 史實의 기록에 그치고 있지 않다는 것을 알 수 있다. 거기에는 이 세상, 인간사에 대한 고발, 비판이 있고 역사의 아이러니에 대한 냉소가 있다. 그러므로 이 책을 읽으면 우리는 세계를 더욱 높고 큰 안목으로 볼 수 있고 거기서 어떤 삶의 지혜를 얻을 수 있다.

먼저 제일 첫 이야기, 「伯夷列傳」은 撰者가 절망과 고통 속에서 기 어이 이 大著를 쓰려 한 뜻을 읽을 수 있게 해 준다. 伯夷와 叔齊는 孤 竹國 군주의 두 아들이다. 그 아버지는 셋째 아들 叔齊에게 왕위를 주 려는 뜻을 가지고 있다가 세상을 떠났다. 叔齊는 그 位를 맏형인 伯夷 에게 넘겨 주려 했는데 伯夷는 그것이 부왕의 뜻이 아니라면서 거절하 고 국외로 달아나 버렸다. 그래서 왕위는 둘째 아들 中子가 맡을 수밖

司馬遷 (B.C.145~86) 前漢 武帝 때 사람으로 字는 子長, 존칭은 太史公. 武帝의 太史슈이었던 아버지 談의 영향으로 史官이 되어 뒤에 벼슬이 中書슈에 이르렀다. 그 가 쓴 《史記》는 중국의 역사서로 그를 동양의 헤로도토스로 불리게 한 명저다.

에 없었다. 伯夷와 叔齊는 周나라의 文王이 현군이라는 말을 듣고 그를 찾아갔는데 하필 그 때 文王이 죽고 그 아들 武王이 位에 올라 있었다. 그들이 武王을 찾아갔을 때 왕은 殷나라를 치려 하고 있었다. 伯夷와 叔齊는 부왕의 장례도 치르지 않고 전쟁을 하려 함은 孝가 아니며 신하의 몸으로 군주를 죽이려 함은 仁이 아니라고 간했다. 武王이 그 말을 듣지 않고 기어이 군사를 일으켜 殷을 쳐 평정하자 두 사람은 이를 부끄럽게 여겨 녹봉을 받지 않고 首陽山으로 들어가 고사리를 캐어 먹으며 연명하다 끝내 굶어 죽었다. 太史公은 그러한 인덕을 겸비한 사람들이 그와 같이 죽게 된 것을 슬퍼하고 있다. 이어 그는, 盜跖은 날마다 죄없는 사람들을 죽이고 사람의 간을 회쳐 먹는 등 천하를 횡행하며 극악한 짓을 멈추지 않았지만 천수를 다하고 죽었음을 떠올렸다. 그는 天道는 공평무사하다고들 하지만 위의 일들을 두고 볼 때 天道란 과연 있는가 하고 개탄한다. 그러나 司馬遷은 그래도 한랭한 철이 되어서야 소나무와 잣나무가 푸르러 잎이 지지 않음을 알 수 있듯이 세상이 汚濁할 때 그러한 선비들의 고결함이 더욱 뚜렷이 드러남을 위안 삼고 있다. 그리고 伯夷·叔齊가 현인이라는 것이 드러날 수 있은 것은 孔子와 같은 사람이 그들을 칭송한 덕분이요, 그렇지 못했다면 영원히 묻혀 버리지 않았겠느냐고 하고 있다. 그러니까 그는 이 글에서 列傳을 통해 역사상의 어진 이들을 드러내 이 세상을 더욱 밝고 바른 곳으로 만들겠다는 뜻을 밝혀 말하고 있다 해야 할 것이다.

「管·晏列傳」 중 우리가 管鮑之交라는 고사성어를 통해 익히 알고 있는, 管中의 이야기는 오늘을 살아가고 있는 우리에게 친구와의 사귐이 어떠해야 할 것인가에 대한 교훈을 주는 것이다. 管中과 鮑叔은 젊은 시절부터 친하게 지낸 친구 사이였다. 가난에 시달리며 산 管中은

鮑叔을 여러 번 속였으나 鮑叔은 그것을 모두 이해하고 管中을 齊나라의 桓公에게 추천하여 크게 쓰이게 하고 자신은 그 아랫 자리에서 일했다. 뒤에 管中이 한 다음의 말은 오늘날 친구를 배신하고 헐뜯기를 예사로 하는 사람들에게 큰 가르침이 될 수 있을 것이다.

"내가 처음 곤궁하였을 때 포숙과 함께 장사를 한 일이 있다. 財利를 나눌 때 나는 내 자신에게 많이 배당하였다. 그러나 포숙은 나를 탐욕하다고 생각지 않았다. 내가 가난한 것을 알았기 때문이다. 내가 일찍이 포숙을 위하여 일을 도모한 적이 있는데, 다시 곤궁하게 되었다. 그러나 포숙은 나를 어리석어서 그러한 것이라고 생각하지 않았다. 시운이란 유리한 때도 있고 불리한 때도 있다는 것을 알았기 때문이다. 내가 일찍이 세 번 벼슬하여 세 번 임금에게서 쫓겨난 일이 있었다. 그러나 포숙은 나를 不肖하여 그러하다고 생각하지 않았다. 내가 때를 못 만났다는 것을 알았기 때문이다. 내가 일찍이 싸움에서 세 번 싸우다가 세 번 달아난 일이 있었다. 그러나 포숙은 나를 비겁하다고 생각하지 않았다. 나에게 老母가 있다는 것을 알았기 때문이다. 公子 紏가 싸움에서 패하니 김忽은 거기서 죽었으나 나는 붙잡혀 囚禁되어 치욕을 달게 받았다. 그러나 포숙은 나를 부끄러움이 없는 사나이라고 생각하지 않았다. 내가 小節을 굽힘을 부끄러워하지 않고 功名이 천하에 드러나지 않는 것을 부끄러워한다는 것을 알고 있었기 때문이다. 나를 낳은 이는 父母이고 나를 알아준 이는 포숙이다."

「老子·韓非列傳」 중 흔히 韓非子라고 불리는 韓非 이야기는 힘 있는 윗사람을 모시는 사람, 영향력 있는 상사를 모시는 회사원에게 좋은 조언이 될 수 있을 것이다. 韓非는 비유로 다음과 같은 이야기를 하고 있다. 용이라는 동물은 잘 길들이면 그 등에 타고 다닐 수 있다. 그러나, 목덜미에 직경 한 자 가량의 거꾸로 선 비늘(逆鱗)이 있는데 그것을 건드리면 반드시 그 사람을 죽여버린다. 여기서의 용은 권력자, 貴人을 말하고 逆鱗은 그의 단점, 결점, 싫어하는 것이다. 그러니까 아무리 좋은 뜻에서일지라도 윗사람의 의견에 함부로 반대하거나 그의 아픈 곳을 건드려서는 안 된다는 말이다. 韓非의 말은 물론 윗사람에게 아유하는 인간이 되어 몸보신을 하는 사람이 되라는 뜻으로 한 것이 아니다. 그는 오랜 세월, 윗사람의 뜻을 거스르지 않아 완전한 신임을 얻은 다음에라야 비로소 어떤 의견이라도 말할 수 있게 되고 그 때에는 함께 큰 일을 도모할 수 있다고 하고 있는 것이다.

韓非는 10만여 언의 글을 남겼는데 그 중에서 남을 유세하는 일이 얼마나 어려운가를 말한 '說難篇(세난편)'은 특히 명문으로 회자되고 있어 약간 장황한 감이 있지만 여기에 소개한다.

대체로 남을 설득하기가 어렵다는 것은 나의 지식으로 상대편을 설득하기가 어렵다는 데 있는 것이 아니다. 또 나의 辯說의 능력이 나의 의사를 충분히 밝히기가 어렵다는 데 있는 것도 아니다. 또 내가 縱橫自在하게 말을 구사하여 하고자 하는 말을 남김없이 다 표현하기가 어렵다는 데 있는 것도 아니다. 대체로 남을 설득하는 데 가장 어려운 점은, 설득하려는 상대자의 심리를 완전히 파악하여 나의 말하는 것을 그 마음에 맞추어 하는 데에 있다. 설득하려는 상대가 높은 명예를 얻고자 하는 사람일 경우에 후한 이익의 문제를 가지고 말하면, 상대는 곧 나를 품위가 낮은 속물이라 하여 비천하게 여겨 반드시 버리고 멀리할 것이다. 설득하려는 상대가 후한 이익을 얻고자 하는 사람일 경우에 높은 명예를 위한 일을 가지고 말한다면,

상대는 나를 생각이 없고 세정에 멀다고 하여 반드시 받아들이지 않을 것
이다. 설득하려는 상대가 실상은 많은 이익을 얻고자 하면서 겉으로는 높
은 명예를 얻고자 하는 것처럼 꾸미는 자일 경우에 높은 명예를 위한 일을
이야기하면, 겉으로는 말하는 사람을 받아들이는 체하고 실지로는 멀리할
것이다. 또 그런 사람에게 많은 이익을 위한 이야기를 하면 속으로는 몰래
그의 이야기를 채용하면서 드러내서는 그 사람을 버릴 것이다. 이런 것을
알지 않아서는 안 된다.

대체로 일은 비밀을 지키는 데서 이루어지고 말은 누설됨으로써 실패하
는 것이다. 반드시 상대방의 비밀을 누설하려는 것이 아닌데도 그 말이 우
연히 상대방이 숨기는 사항에 이르는 경우가 있다. 이렇게 된 사람은 그 신
변이 위태롭게 된다. 귀인에게 약간의 과실의 단서가 있는 경우에 설득하
는 사람이 정면으로 분명히 지적해 말하고 훌륭한 이론을 펴서 그 악을 추
구하면 그는 신변이 위태롭게 된다. 임금의 은총이 아직 자신에게 충분히
내리지 않았는데 자기 지식의 극치를 다하여 진언하면, 그 진언한 바가 실
행되어 공이 있을지라도 진언한 자신에게 이익이 없으며, 말이 실행되지
않고 실패하면 의심을 받게 된다. 이러한 사람은 신변이 위험하게 된다. 귀
인이 남에게서 어떤 계획을 얻어 가지고 그것으로 자신이 공을 세우고자
하는 경우에, 설득하는 사람이 그것에 간여하여 내막을 알게 되면 그 사람
은 신변이 위험하게 된다. 도저히 하지 못할 것을 하라고 강요하거나 그가
그만 두려고 해도 할 수 없는 일을 중지시키려고 하는 자는 그 신변이 위험
하게 된다. …中略…

대체로 설득하려는 자가 힘써야 할 일은, 설득하려는 상대자의 존경할
만한 점은 아름답게 꾸미고, 상대의 결점은 덮어 버려서 말하지 말아야 한
다는 것이다. 자신의 계책이 지혜로운 것이라고 생각하거든 그의 실책을

들어서 추궁하지 말 것이며, 스스로 자신의 결단한 바를 용단이라고 생각하거든 그것에 적대되는 설을 말하여 성내게 하지 말아야 한다. 스스로 자기의 힘이 큰 것이라고 생각하거든 거기에 대한 난점을 들어서 가로막지 말아야 한다. 다른 일이지만 같은 계획으로 다루어지는 것과, 귀인의 행동과 같은 행동을 한 다른 사람을 칭찬하거든 그것을 아름답게 꾸며서 칭찬하고 훼상하는 일이 없어야 한다. 귀인과 같은 실패를 저지른 사람이 있으면 곧 분명하게 그것이 실패가 아닌 것처럼 꾸며서 설명해야 한다. 크게 충성스러워서 임금의 뜻에 거스르는 말이 없고, 깨우치는 말이 배격하는 바가 없어야 한다. 그렇게 한 뒤라야 설득자는 자기의 변설과 재지를 발휘할 수 있을 것이다. 이것이 귀인에게 친근하게 되고 의심받지 않게 되어 마음껏 자신의 설을 다할 수 있는 방법이다. 오랜 세월을 지내고 임금의 은덕이 이미 깊음을 얻게 되면, 비로소 깊이 계획하여도 의심받지 않을 것이며, 이따금 다투어 간하는 일이 있어도 벌받지 않는다. 그렇게 되면 드디어 이해를 분명히 헤아려 그 공을 이루고, 옳고 그른 것을 바로 지적하여 세객 자신을 영광스럽게 한다. 이렇게 하여 지속하면 설득은 성공한 것이다.

위와 같이 세상을, 인간의 마음을 불을 들여다 보듯이 환히 읽은 그도 秦나라에서 舌禍를 입어 비명에 죽어 그는 마지막까지 유세의 어려움을 몸으로 보여준 것이 되었으니 아이러니라 하지 않을 수 없다.

「刺客列傳」에 등장하는 인물들의 행장은 어느 미스터리소설 못지않게 흥미로운 것이다. 그 중에서도 荊軻와 樊於期(번오기)의 이야기는 중국인들이 흠모하는 소위 義俠人이란 어떤 사람들인가를 단적으로 보여 주는 것이다. 燕나라 太子 丹은 뒷날 秦始皇이 된 秦나라 왕政에게 원한을 가지고 있었다. 그러나 秦의 막강한 국력에 눌려 정면으로 쳐들어가 그를 죽일 수 없어 刺客을 보내 政을 죽이기로 마음먹었다. 丹은 秦의 폭정에 분개하고 있던 俠士 荊軻를 극진히 대접하여 그로 하여금 政을 죽이도록 했다. 그런데 문제는 荊軻가 삼엄한 경호를 받으며 궁중 깊이 들어 있는 秦王을 만날 길이 없다는 것이었다. 마침 당시 燕나라에는 政에게 죄를 입고 도망온 秦의 장수 樊於期가 머물고 있었다. 秦王은 황금 1천 근과 萬戶의 고을을 걸고 그를 잡으려 하고 있었다. 荊軻는 그를 찾아가 당신의 머리를 바치겠다고 하면 秦王이 나를 引見하려 할 것이고 그 때에 그를 죽일 수 있겠는데 이에 대해 어떻게 생각하느냐고 물었다. 樊於期는 이제야 밤낮으로 이를 갈고 있던 나의 원수를 갚을 길을 찾았다면서 스스로 목을 찔러 죽어 그 목을 가지고 가게 했다. 荊軻는 그의 목과 燕의 지도를 가지고 秦으로 가 政을 만나기를 청했다. 政을 만난 荊軻는 먼저 樊於期의 목을 바친 다음 燕나라의 지도를 펼쳤다. 지도가 다 펼쳐지자 거기에 숨겨둔 비수가 나왔다. 荊軻는 왼손으로 政의 소매를 잡고 오른손에 든 비수로 그를 찔렀다. 政이 본능적으로 몸을 빼는 바람에 칼은 그를 비켜나 소매를 자르는 데 그쳤다. 政은 암살을 두려워 해 자신의 부근에는 무기를 지닌 사람을 두지 않아 호위 무사는 먼 곳에 있어 미처 부를 겨를이 없었다. 그리하여 政은 쫓기고 荊軻는 쫓는 상황이 되었다. 政은 칼을 지니고 있었으나 그것은 왕의 위엄을 보이기 위한 것이라 너무 길어 빼지를 못했다. 그 때 주변에 있던 한 환관이 약탕기로 荊軻를 치고 政의 신하 한 사람이 政에게 칼을 등에 메고 뽑으라고 소리질렀다. 政은 그 말대로 하여 칼을 뽑아 약탕기에 맞아 주춤한 荊軻를 쳐 그를 죽였다. 荊軻는 義氣의 인물이었을 뿐 刀劍을 쓰는 데는 서툴러 秦王을 죽이지 못하고 도리어 그의 손에 죽고 만 것이다. 일의 시말은 그렇게 되었지만 은인을 위해 사지에 뛰어든 荊軻나 원수를 갚기 위해 흔연히 자신의 목을 내놓고 있는 樊於期에서 우리는 뜻을 세우고 그 뜻에 따라 살고 죽는 인간의 모습을 보고 숙연함을 느끼지 않을 수 없다.

「李斯列傳」에 등장하는 趙高 이야기는 한 간신의 꾀가 얼마나 교묘하고 영악한가, 그리고 그 결과가 어떻게 주변을 지옥으로 만들고 스스로의 묘혈을 판 위에 한 대륙을 호령하던 제국을 멸망으로 이끌게 되었는가를 보여준다.

秦始皇은 재위 37년 천하를 순행하던 중 沙丘에 이르러 병이 위독하게 되었다. 사단은 여기서부터 일어났다. 황제는 맏아들 扶蘇로 하여금 군사를 夢恬에게 맡기고 咸陽으로 돌아와 자신의 장례를 치르라는 유서를 남기고 숨을 거두었다. 그의 죽음을 알고 있은 것은 환관 趙高와 승상 李斯, 始皇이 총애하던 막내아들 胡亥, 그리고 5〜6명의 내시뿐이었다. 夢恬은 만리장성을 쌓고 수십만 명의 군사로 외적의 침입을 막고 있던 명장이었으며 扶蘇는 監軍으로 그와 함께 주둔하고 있어 서로 친근한 사이였다. 趙高는 扶蘇가 始皇에게 直諫을 서슴지 않는 등 강직하고 문무를 겸전했으며 민심을 얻고 있는 사람임을 잘 알았다. 그런 扶蘇가 황제가 되면 자신은 몰락하게 될 것이 분명하다고 생각한 趙高는 꾀를 내어 먼저 胡亥로 하여금 제위를 이어받으라고 부추겼다. 그 아버지의 遺志를 알고 있는 胡亥는 형을 폐하고 제위를 가로채는 것은 불의한 일이라고 굳이 거절했으나 趙高는 거듭 이해를 따져 권하여 드디어 허락을 받았다. 그런 다음 그는 승상 李斯를 꾀었다. 李斯는 어떻게 그런 망국적인 말을 하느냐고 펄쩍 뛰었지만 趙高는 승상이나 功臣이 2代에 걸쳐 자리를 유지한 일은 일찍이 없었으며 扶蘇가 황제가 되면 끝내는 그의 손에 죽음을 당할 것이라고 위협하다시피하여 마침내 그의 동의도 얻어냈다. 그리고는 扶蘇에게는 불효불충을 들어 칼을 보내 자결하라고 하고 夢恬에게는 扶蘇를 제대로 보필하지 못한 죄가 있다 하여 사약을 내리는 유서를 조작하여 자신이 가지고 있던 옥새를 찍어 그들에게 보냈다. 이리하여 두 사람을 죽인 趙高는 곧 胡亥를 제위에 앉혔다. 자신이 저지른 짓에 스스로 불안을 느낀 趙高는 始皇의 옛 신하들과 왕자 12명, 공주 10명을 거리에 끌어내 죽였다. 趙高의 진언에 따라 秦나라의 법령은 갈수록 가혹해지고 세금은 무거워졌으며 부역과 징병은 그치지 않았다. 司馬遷은 당시를 '길에 다니는 사람의 반은 형을 받은 자이고 죽은 사람의 시체가 날마다 시가에 쌓였다' 고 하고 있다. 자신도 자기가 많은 사람의 원한을 사고 있다는 것을 안 趙高는 대신들이 새 황제에게 그러한 사실을 말할까가 두려웠다. 그래서 생각한 꾀가 胡亥로 하여금 禁中에서 환락을 즐기기만 하고 사람들을 만나지 못하게 하는 것이었다. 그는 胡亥에게 天子가 존귀한 까닭은 여러 신하들이 다만 그 목소리를 들을 수 있을 뿐, 낯을 볼 수 없기 때문이며 그래서 天子를 '朕' 이라 부른다고 했다. '朕' 은 '나 짐' 자로 원래 일반인이 자기 자신을 부를 때 쓴 말이었는데 秦始皇 이후 황제만이 쓸 수 있게 되었다. 그런데 이 글자에는 '조짐' 이란 뜻도 있다. 이에 착안한 趙高는 天子란 禁中에 있어, 어떤 '조짐' 처럼 실체가 밖에 드러나서는 안 된다는 것을 뜻한다고 궤변을 한 것이다. 이리하여 자기가 마음대로 부리는 사람 외는 일절 胡亥에게 접근하지 못하게 한 그는 모든 것을 자기 뜻대로 했다. 그래도 한 사람 거북한 이가 있었으니 그것은 승상 李斯였다. 趙高는 李斯에게 황제가 아방궁을 짓느라고 백성을 심하게 동원하고 놀이에만 빠져 있어 나라 일이 걱정이니 간언을 해 달라고 했다. 趙高의 간계를 알지 못한 李斯는 그의 말을 들었다가 胡亥의 노여움을 사 결국은 반역자의 죄를 뒤집어 쓰고 저자에서 허리를 베어 두 토막이 나 죽었다. 趙高의 악행은 그에 그치지 않고 胡亥를 외진 궁으로 유인해 낸 다음 사람을 시켜 자살을 강요해 죽였다. 그는 始皇의 손자 중의 한 사람, 子嬰을 허수아비 황제로 세웠으나 그의 죄상을 알고 있은 子嬰은 그를 자신의 집으로 유인해 살해해 버렸다. 그럴 즈음 劉邦의 대군이 咸陽으로 쳐들어 왔는데 학정에 시달린 秦의 백성과 군사들은 누구도 나가 싸우려 하지 않아 子嬰은 항복하고 말았다. 劉邦은 그의 목숨만은 살려 옥에 가두어 두었는데 뒤미처 진주해 온 項羽가 베어 죽여 버렸다. 이로써 始皇에서 胡亥에 이른 제국 秦은 한 간교한 자의 농간으로 2대 만에 멸망하고 말았다.

「淮陰侯列傳」곧 韓信의 전기는 큰 뜻을 가진 사람은 삶의 고단함과 욕됨을 어떻게 참는가를 잘 보여준다. 淮陰이 고향인 韓信은 젊은 날 가난하여 南昌 亭吏의 집에 두어 달 기식하고 있었다. 그 亭吏의 처는 하는 일 없이 빌붙어 밥만 축내고 있는 韓信을 밉게 보았다. 그래서 새벽에 밥을 지어 가족끼리 먹어치워 버리고 그에게는 아침을 주지 않았다. 그리하여 그 집에서 쫓겨난 韓信은 끼니를 굶은 채 성 아래 강가에서 낚시를 하고 있었다. 그 곳에 빨래하러 온 한 아낙이 그의 사정을 딱하게 생각해 수십일 동안 밥을 가져다 주었다. 이를 고맙게 생각한 韓信은 그녀에게 자신이 다음에 성공을 하면 반드시 이 은혜를 갚겠다고 했다. 그 말을 들은 아낙은 "대장부가 스스로 제 밥도 벌어먹지 못하기에 가엾어서 준 것일 뿐인데 보상은 무슨 보상이냐?"고 냉소했다. 韓信은 여덟 자 다섯 치의 훤칠한 키에 긴 칼을 차고 다녔는데 하루는 이를 아니꼽게 본 읍 거리의 깡패가 그의 앞을 막아서서 "네가 용기가 있거든 그 칼로 나를 찔러 보아라. 그러지 못하겠거든 내 바짓가랑이 밑으로 기어나가라."고 했다. 잠깐 그 자리에 서 있던 韓信은 말없이 머리를 숙이고 그의 다리 사이를 기어 나와 온 저자 사람들이 그를 겁장이라고 비웃었다. 그는 그 후 漢의 大將軍이 되어 項羽를 격멸하고 楚나라의 왕이 되었다. 왕으로 부임한 그는 그에게 밥을 준 그 여인을 찾아 千金을 주어 그의 약속을 지켰으나 南昌 亭吏에게는 "남에게 은혜를 베풀면서 끝까지 하지 않았으니 너는 小人이다."고 하면서 푼돈 얼마를 던져 주었다. 그는 또 지난 날 자신을 욕보인 그 젊은이를 찾아 中尉의 벼슬을 주고 "이 사람은 壯士다. 나를 욕보였을 때 내 어찌 그를 죽일 수 없었겠는가? 그를 죽인다 해도 이름이 드러나는 것이 아니었기 때문에 참고 오늘의 공을 이룩한 것이다."고 했다. 사람은 살다보면 참기 어려운 욕을 당하는 수가 있다. 위의, 韓信 이야기는 그럴 때 그것을 참고 견디는 忍辱이야말로 진정한 의미에서의 용기라는 것을 보여준다 할 것이다.

『史記列傳』은 권력자의 주변이란 명을 부지하기가 얼마나 어려운 곳인가를 말해 주고 있다. 「扁鵲·倉公列傳」의 扁鵲의 비극이 그 좋은 예가 된다. 그는 젊은 날 長桑君이란 사람에게서 醫術을 전수받았다. 높은 경지의 의술을 가지고 있은 長桑君은 어느 날 扁鵲을 불러 "내가 秘方을 알고 있는데 이제 늙어 公에게 전해 주겠다."고 하고는 그가 가지고 있던 의서와 약을 주면서 먼저 이 약을 30일 동안 '上池의 물' 곧 아직 땅에 닿지 않은 이슬로 먹으면 사물을 제대로 볼 수 있게 될 것이니 그런 다음에 이 책을 읽도록 하라고 했다. 扁鵲이 그 약을 시키는 대로 먹었더니 담장 너머의 사물은 물론 사람의 五臟을 환히 들여다 볼 수 있게 되었다. 그런 다음 그 의서를 읽어 그는 長桑君의 의술을 전수받게 되어 5~6개국을 돌며 많은 환자를 치료했다. 그 중에서도 그가 虢나라에서 한 치료는 특히 유명한 것이다. 扁鵲이 그 나라에 들렀을 때 그 나라의 太子가 죽었다고 했다. 扁鵲은 전후 사정을 들은 다음 太子의 병은 尸蹶(시궐)이라는 것으로 맥이 어지러운 상태에 있어 죽은 것처럼 보이지만 살아 있으며 자신이 능히 고칠 수 있다고 했다. 그 나라 宮人이 그 말을 믿지 않자 扁鵲은 지금이라도 太子를 살펴보면 귀에서는 소리가 나고 코가 벌름거리고 있을 것이며 두 다리 사이에는 아직 온기가 있을 것이니 내 말을 시험해 보라고 했다. 그 말이 사실임이 확인되자 왕이 친히 와서 太子를 살려 달라고 간청했다. 이에 扁鵲은 침으로 三陽과 五會를 찔러 환자를 소생시켰다. 그 일로 그는 일약, 죽은 사람을 살리는 神醫로 소문이 났다. 그랬건만 秦나라의 太醫令 李醯(이혜)는 그의 의술이 자신을 훨씬 능가한다는 것을 시기하여 사람을 시켜 그를 살해했다.

司馬遷은 이 장의 말미에서 "여자는 미인이거나 못났거나 궁중에 있으면 질투를 받게 되고 선비는 어질거나 不肖하거나 朝廷에 들어가면 의심을 받는다. 扁鵲은 그의 훌륭한 의술 때문에 재앙을 입었다."고 하고 있다. 사람이 못나면 멸시당하고 짓밟히고 능력이 뛰어나면 시샘을 받아 해를 입으니 예나 지금이나 세상은 이래저래 살기가 참으로 힘든 곳이라는 것을 알 수 있다.

「黥布列傳」 등을 읽으면 왕좌에 앉은 사람이란 얼마나 음흉하며 소름끼치도록 비정한가를 알 수 있다. 漢 高祖 劉邦은 한 변두리 지방의 건달에서 몸을 일으켜 秦을 무너뜨린 다음 項羽와 건곤일척의 쟁패를 한 끝에 중국 천하를 통일했다. 그가 帝業을 이룩하게 되기까지에는 수많은 장졸이 목숨을 바쳐 싸웠다. 그 중에서도 武將으로 직접 창칼을 잡고 피를 뒤집어쓰고 싸워 그를 황제의 자리에 앉게 해 준 사람들이 韓信과 彭越, 黥布다. 그런데 劉邦은 천하를 평정하자말자 곧 이들을 이런저런 죄를 씌워 차례로 죽였다.

彭越은 漢나라가 楚나라와 한 치 앞을 내다볼 수 없는 격전을 치르고 있을 때 3만 명의 군사를 이끌고 劉邦을 도와 결국 項羽로 하여금 垓下에서 패하여 자결하게 한 장군이다. 그런데도 劉邦은 '훗날의 근심거리' 라는 이유로 그에게 죄를 씌워 죽이고 그의 宗族을 몰살했다. 그 위에 그는 彭越의 시체를 소금에 절여 諸侯들로 하여금 돌려보게 하는 잔인한 짓까지 했다.

長江의 도둑떼 수괴 출신의 장군 黥布(본명 英布)는 처음 項羽의 선봉장으로 싸우다 劉邦에게로 돌아선 사람이다. 그 일로 그는 項羽의 노여움을 사 그의 영지는 빼앗기고 그 처자는 학살당했다. 그는 劉邦의 편에 서서 싸워 項羽를 격멸하는 데 결정적인 역할을 했다. 그럼에도 황제가 된 劉邦은 끝내 죄를 씌워 그를 죽여 없앴다.

韓信은 漢의 大將軍으로 項羽를 꺾은 사실상의 제1 공로자다. 그러나 劉邦은 자신이 원한을 가진 鍾離昧를 그 집에 두었다는 것을 빌미로 韓信을 楚王의 자리에서 끌어내린 다음 皇后 呂씨의 손에 목이 잘려 죽게 했다.

그들은 모두 제각기 어떤 죄명을 띠고 죽었지만 그러한 죄가 없었더라도 언젠가는 또 다른 죄명을 얻어 목숨을 잃었을 운명이었다고 보아야 할 것이다. 황제 劉邦은 난세를 평정하자 자신의 제위와 후사의 근심거리를 제거했는데 그것이 능력 있는 사람들을 죽여 없애는 일이었다. 죄없이 劉邦에게 포박되었을 때 "토끼를 잡고 나면 사냥개가 삶기고 새를 잡고 나면 큰 활이 치워진다고 한 사람들의 말이 맞구나!" 라고 한 韓信의 탄식도 그것을 말해 주는 것이다.

　그러고 보면 軍師 張良이 楚漢 내전이 끝나고 劉邦이 천자가 되자
大業이 다 이루어졌다 하고 표연히 향리로 물러나 다시는 모습을 드러
내지 않은 것은 참으로 선견지명이 있는 일이었다 할 것이다.

8. 柳成龍의《懲毖錄》

　　《懲毖錄》은 柳成龍이 壬辰倭亂과 丁酉再亂을 사건 중심으로 서술한 책이다. 柳成龍은 왜란이 끝난 1598년부터 그가 세상을 떠난 1607년까지 9년에 걸쳐 이 책을 썼다. 이 책은 여러 판본이 있는데 그 중 가장 권위가 있는 것은 1936년 朝鮮史編修會가 慶北 安東郡 豊山面 下回里 柳氏宗家 소장의 저자 친필《懲毖錄》필사본을 영인, 간행한 것이다. 이 책은 1·2권과 「錄後雜記(=雜錄)」로 되어 있다. 1·2권은 왜란이 일어나기 전 6년, 당시의 朝鮮과 日本 明 나라를 중심으로 한 어수선한 동북아 국제정세에서 시작하여 壬辰, 丁酉 두 차례에 걸친 난의 추이를 소상하게 기록하고 있다. 「錄後雜記」는 난이 끝난 후, 그 7년 전쟁을 되돌아 보고 앞날에 대비해 후세인이 새겨들어야 할 바를 쓴 역사비평적인 글로 되어 있다. 이 책은 세계에 자랑할 만한 전쟁기록문학의 고전이라 할 수 있는데 전쟁에 관한 것뿐 아니라 당시의 정치·경제·사회·문화 등 문물제도에 관한 사료의 보고라 할 수 있다. 왜란에 관한 문헌은《宣祖實錄》《龍蛇日記》《壬辰錄》등 적지 않게 있지만 이 책이 특별한 의미를 가지는 것은 저자의 난 당시의 위치, 그로 인한 기록의 정확하고 소상함 때문일 것이다. 柳成龍은 난 당시 兵曹判書, 領議政의 직에 있었을 뿐 아니라 都體察使의 소임을 맡았었다. 都體察使란 당시의 朝鮮 전군을 통수하는 자리니까 그는 정치, 군사 모든 면에서 사실상 국정을 맡아 수행한, 국난 극복의 주역이었다 할 수 있다. 그런 만큼 당시의 국내외 정세, 전쟁 상황을 누구보다 잘 알았을 것이고 그것을 기록한 책이 바로《懲毖錄》이기 때문이다. 난이 끝난 1백여 년 뒤, 1695년 日本이 이 책을 4권 4책으로 간행하고 朝鮮 肅宗 때이 책이 日本으로 흘러나가는 것을 국법으로 금지한 것도 그 가치를 그만큼 크게 본 때문일 것이다. 이 책은 국보로 지정되어 있다.

저자는 이 책의 自序에서 "아, 壬辰倭亂의 화는 참혹했다. 열흘 동안에 三都(=漢陽·開城·平壤)를 지키지 못했고 팔도강산이 무너졌으며 임금님께서 피난길에 올라 고초를 겪으셨다."고 하고 이어 이 책을 쓰게 된 동기에 대해 "《詩經》에 말하기를 '내가 지난 일을 징계하여 뒷날의 근심거리를 삼가게 한다(予其懲而 毖後患)'고 했는데 이것이《懲毖錄》을 저작한 까닭이다."라고 했다.

《懲毖錄》은 우리가 주목해서 읽어야 할 것이 많은 책이다. 여기서는 그 중 특히 눈에 띄는 것 몇 가지를 살펴보기로 하겠다. 무엇보다 독자는 이 책에서 柳成龍이란, 국난을 대처하고 있은 재상의 충성심이 얼마나 강했으며 그가 얼마나 局量이 큰 인물이었던가를 보고 놀라지 않을 수 없다. 그는 긴박하게 돌아가고 있은 당시 국제정세 속에서 조정이 얼마나 무능했으며 안이하게 대처하고 있었던가를 보여 준다. 「錄後雜記」의 첫머리는 난이 일어나기 직전 여러 가지 괴이한 조짐들이 있었다고 하고 있다. 전쟁 발발 4년 전, 1588년에는 한강 물이 사흘 동안이나 핏빛으로 붉었으며 이듬해에는 竹山 太平院 뒤에 있는 한 바위가 저절로 일어섰다. 또 通津縣에서는 쓰러져 있던 버드나무가 다시

柳成龍 (1542~1607) 호는 西厓. 朝鮮 중엽, 관찰사 柳仲郢의 아들로 태어나 退溪 李滉의 문하에서 유학을 공부한 그는 25세에 文科에 급제하여 벼슬길에 올랐다. 禮曹·兵曹·吏曹判書를 거쳐 壬辰倭亂 당시에는 領議政, 都體察使를 맡았다.

일어났는데 백성들 사이에는 풍문이 돌기를 '장차 도읍을 옮기게 될 것'이라고 했다 한다. 그 밖에 海州에서 생산되던 靑魚가 근 10년 동안이나 전혀 잡히지 않다가 遼東 바다에서 잡혔다고도 하고 있다. 더욱 해괴한 것은 遼東八站에 사는 백성들이 하루는 까닭 없이 서로 놀라며 말하기를, '도둑들이 朝鮮으로부터 들어오고 朝鮮 왕자의 가마가 鴨綠江에 이르렀다'고 해 늙은이와 어린이들이 산으로 올라가는 등 며칠 동안 소란이 일어났다는 것이다. 그리고 이 무렵 都城 안에는 항상 검은 기운이 감돌고 있었는데 이는 연기도, 안개도 아니면서 땅에서 하늘까지 닿았으며 이와 같은 일이 거의 10여 년이나 계속되었다는 것이다. 이상과 같은 이야기에는 일부 유언비어도 있었겠지만 당시의 불안한 내외정세와 어지러운 민심을 보여 준 것이라 할 수 있다. 이때는 朝鮮이 개국 2백 년으로 접어든 때로 기강이 해이해지고 나라가 쇠미의 기미를 보이고 있었다. 난이 일어나기 30년 전 무렵인 明宗代인 1562년 도적 林巨正이 捕盜 군관을 베어 죽이는 등 平安道를 중심으로 西道 일원을 소란에 몰아 넣은 사건 같은 것이 당시의 사정을 단적으로 보여 주고 있다. 거기다 朝鮮과 日本 사이에 사신이 오가면서 난리가 날 것 같은 위기감마저 민간에 퍼져 그것이 그러한 이야기들로 나타난 것이라고 볼 수 있을 것이다.

1591년, 이윽고 통신사 黃允吉과 金誠一이 日本을 다녀왔는데 두 사람이, 한 쪽은 난이 일어날 것 같은 기미가 보였다고 하고 다른 한 쪽은 그렇지 않았다고 해 조정은 갈피를 잡지 못해 좌왕우왕하고 있었다. 그 때 이들이 가져온 왜의 國書에 '군사를 일으켜 明나라에 쳐들어가겠다'는 말이 있었는데 이를 明에 알려야 할 것인가 아닌가로 의견이 분분했다. 당시의 領議政 李山海는 明이, 朝鮮이 사사로이 왜국과 교통한 것을 탓할 위험이 있으니 알리지 않아야 한다고 했다. 이 때 柳成龍은 이를 숨기는 것은 대의에도 어긋날 뿐 아니라 만약 왜국이 실제로 明을 침공할 계획을 가지고 있고 그것을 다른 경로를 통해서 알게 된다면 우리나라가 왜와 공모했다는 의심을 받게 될 것이므로 이를 알려야 한다고 주장했다. 그리하여 즉시 이를 明에 알렸는데 곧 그의 말대로 明은 琉球國 등을 통해 왜의 뜻을 알고 있었고 이로 인해 朝鮮을 의심하고 있었음이 드러났다. 만약 끝까지 이를 감추고 있다가 난이 일어났다면 明이 그렇게 신속하게 원군을 보내 平壤과 漢陽을 수복하게 하고 결국 왜군이 물러가게 해 주었을지 알 수 없는 일이었으니 이 때 벌써 柳成龍은 나라를 위기에서 구하고 있었다고 할 수 있다.

그는 상황 파악에도 정확하고 민첩했다. 왜군이 서울 문턱에까지 쳐들어왔을 때, 左議政의 자리에 있던 그는 주변의 격렬한 반대에도 굽히지 않고 왕이 平壤으로 피난하게 했다. 또 왕이 平壤에 머물고 있을 때 적이 그 곳에 가까이 오자 朝臣들이 다시 왕이 그 곳을 버리고 咸鏡道로 가야 한다고 했을 때 그는 이에 반대하고 義州로 가야 한다고 주장했다. 이 때 그의 주장은 사세를 정확하게 판단한 것이었다. 그는 北道로 가서는 안 될 이유를 다음과 같이 말하고 있다. 곧 왕이 서쪽으로 피난한 것은 明의 구원을 받아 실지를 회복하고 적을 내쫓으려는 뜻으로 한 것인데 북쪽으로 가면 明과의 연락이 두절되어 일이 뜻대로 될 수 없다는 것, 또 사불리하면 義州 방면으로 다시 난을 피해 갈 수 있는데 咸鏡道 쪽으로 가서 그런 일을 당하면 오랑캐들에게로 갈 수밖에 없어 위험하다는 것이다. 이어 그는 朝臣들이 북쪽으로 가야 한다고 주장하는 것은 그들의 가족이 대부분 그 쪽으로 가 있기 때문에 사사로운 사정으로 그러는 것이므로 그들의 말을 들어서는 안 된다고 눈물로 진언하고 있다. 결국 왕은 그의 말대로 북쪽이 아닌 서쪽, 義州로 가 明의 군대를 맞아들여 왜적을 남쪽으로 몰아낼 수 있었으니 그의 눈이 얼마나 밝고 생각이 얼마나 깊었던가를 알 수 있다.

이 책을 읽으면 柳成龍은 미리 헤아려 일에 대처하는 능력이 특출한 사람이었음을 알 수 있다. 그는 明의 원군이 오게 되었을 때 급히 사람을 풀어 양곡을 모아 명군이 신속하게 적을 쫓으면서도 군량 때문에 낭패를 당하는 일이 없게 하고 있다. 특히 明나라 군사가 平壤을 출발하여 임진강을 건널 때 그가 보여 준 임기응변책은 놀라지 않을 수 없는 것이다. 明나라 提督 李如松은 대군을 이끌고 남진하면서 임진강에 다리를 놓으라고 독촉했다. 얼음이 풀리기 시작한 강에 금방 다리를 놓는다는 것은 당시 토목기술로는 엄두도 낼 수 없는 일이라 모두가 당황하여 어찌할 바를 모르고 있었다. 그 때 柳成龍은 사람들을 시켜 산에서 많은 칡덩굴을 베어오게 했다. 그리고는 강 양안에 큰 기둥을 박고 칡덩굴로 꼰 굵은 새끼를 거기에 마주 매게 한 다음 그 위에 가는 버드나무와 풀을 덮고 흙을 깔아 임시 가교를 만들었다. 이리하여 明나라 군사들과 砲車, 軍器가 지체 없이 강을 건너 왜군을 추격하게 되었다니 이야말로 神策妙算이라 하지 않을 수 없을 것이다.

柳成龍은 또 사람을 가려보는 데 남다른 눈을 가진 사람이었다는 것을 알 수 있다. 왜란이 일어나기 1년 전 左議政으로 있던 그는 刑曹正郎 權慄을 義州牧使로 천거했다. 왜국의 동태가 심상치 않자 미리 될 만한 인재를 발탁해 키우려 한 것인데 權慄은 우리가 이미 잘 알고 있는 바와 같이 全羅道巡察使로 있을 당시 幸州에서 왜적을 크게 무찌른 壬辰倭亂 3大捷의 하나인 幸州大捷의 주역이 되었을 뿐 아니라 뒤에 都元師가 되어 큰 전공을 세웠다. 그는 또 이 때 무과에 급제하고도

10여 년이 지나도록 井邑縣監이란 한직에 머물고 있던 李舜臣의 인물됨을 알아보고 全羅左道水軍節度使로 발탁했다. 그가 담력과 지략이 있고 말을 잘 타고 활을 잘 쏘아 크게 쓰일 사람이라고 보아서였다. 사람들은 당시 이 인사가 너무 파격적인 것이라 하여 의아해 했다고 하나 그는 그에 개의치 않았으며 그들의 의아심이 터무니없는 것이었다는 것은 이후 李舜臣의 전과와 행적이 잘 말해 주고 있다.

柳成龍이 사람을 얼마나 정확하게 가려 보았던가는 이 책의 곳곳에서 발견된다. 그는 元均을 '성품이 험악하고 간사하며 중앙과 지방의 인사들과 끊임없이 연락하면서 李舜臣을 모함하기를 쉬지 않았다'고 하고 있다. 그는 이어 무고로 李舜臣을 죄인으로 잡혀 가게 하여 三道水軍統制使가 된 元均이 李舜臣이 군사 일을 의논하기 위해 閑山島에 지은 집 運籌堂에 첩을 데려다 놓고 살며 날마다 술주정과 성내는 일로 지냈으며 형벌에 법도가 없어 한 나라의 수군을 통제할 인물이 아니었다고 했다.

이 책은 또 당시 李鎰과 함께 朝鮮의 명장으로 불리던 申砬에 대하여도 소상하게 쓰고 있다. 이 책은 먼저 申砬을 가리켜 비록 몸은 날째어 이름을 떨치기는 했지만 신중하지 못하고 전략에도 어두운 사람이었다고 하고 있다. 柳成龍은 그가 잔인하고 포악하다는 평판을 들은 사람으로 가는 곳마다 사람들을 죽여 그 위엄을 세우니 모두가 그를 무서워했다고 했다. 申砬이 난이 나던 해 4월 왕명을 받들어 京畿·黃海道 지방의 군비상황을 둘러 보고 자신을 찾아왔을 때, 柳成龍이 머지 않아 전란이 있을 것 같은데 적을 막을 수 있다고 생각하느냐고 물었는데 그는 근심할 것이 없다고 답했다 한다. 그래서 그렇지 않다, 왜인들이 지난 날에는 짧은 창칼 따위만 썼지만 지금은 鳥銃과 같은 무기를 쓰니 가볍게 보아서는 안 될 것이라고 했지만 그래도 그는 '鳥銃을 가졌다고 해도 쏘는 대로 다 맞힐 수 있겠느냐'고 했다 한다. 난이 나고 왜적이 忠州로 진격해 오자 그는 8천 관군을 이끌고 적을 맞았는데 천혜의 要塞, 鳥嶺을 버리고 彈琴台에 배수진을 쳤다가 아군은 전멸하고 자신도 물에 빠져 숨지고 말았다.

우리는 흔히 鄭澈이라 하면 朝鮮朝의 뛰어난 정치인이자 문장가로 존경할 만한 사람으로 알고 있다. 그러나 이 책에 의하면 그는 그와는 거리가 먼 사람이었다 함을 알 수 있다. 적이 平壤에 가까이 왔을 때, 柳成龍은 漢陽이 위협받았을 때와는 사정이 다르니 왕이 최대한 그 곳에 머물러 적의 진격을 막고 明의 원군을 기다려야 한다고 했으나 寅城府院君이던 鄭澈은 기어이 서둘러 義州로 피난해야 한다고 주장했다. 柳城龍은 鄭澈이 왕의 환심을 사려고 그런 말을 한다는 것을 알고 그러다가는 나라가 망하는 일이 있을 수 있는데 어떻게 그런 말을 하느냐고 공박하고 있다. 그 때 左議政 尹斗壽도 그와 생각이 같아서 鄭澈을 두고, 中國 宋나라의 충신 文元祥의 詩「칼을 빌어 아첨하는 신하를 베어 버리고 싶다(我欲借劍斬佞臣)」고 한 것을 보면 그가 어떤 인물이었던가를 짐작할 수 있을 것이다.

이 책에서 얻을 수 있는 가장 소중한 사료 중 하나는 李舜臣에 관한 기록들이라 할 수 있다. 나라를 위기에서 구한 그의 행적에 비해 李舜臣이 어떤 인물이었던가에 관한 자료는 적은 편인데 다행히 《懲毖錄》에 비교적 자세하게 나타나 있다. 그가「사람됨이 말과 웃음이 적고, 용모는 단아하여 마음을 닦고 몸가짐을 삼가는 선비와 같았다.(舜臣爲人 寡言笑 容貌雅飭 如修謹之士)」라고 한 구절은 李舜臣의 풍모에 대한 거의 유일한 기록으로 그의 영정을 그리는 화가들은 모두 이를 근거로 하고 있다 한다. 그밖에도 그의 사람됨을 말해 주는 기록은 다음과 같이, 이 책의 곳곳에서 발견된다. 兵曹判書 金貴榮이 그의 첩에서 난 딸을 李舜臣의 첩으로 주려 했는데 李舜臣은 처음 벼슬길에 나온 사람이 어찌 권세 있는 사람의 집안에 의탁하여 승진을 도모하겠느냐고 하면서 거절했다 한다. 李舜臣이 訓練院掌務官으로 있을 때 兵曹正郎 徐益이 자기와 친한 사람을 차례를 뛰어넘어 승진시키려 했다. 李舜臣이 그 불가함을 들어 이에 반대하자 徐益은 李舜臣을 불러 뜰 앞에 세워 놓고 장시간 힐책했지만 끝내 고집을 꺾지 않아 그 뜻을 이루지 못한 일도 있었다 한다. 元均의 모함을 받아 漢陽으로 압송되었을 때 李舜臣은 왕명을 거역한 죄로 목숨을 잃을 위기에 처해 있었다. 그 때 한 獄吏가 그의 조카 李芬에게 뇌물을 쓰면 죄를 면할 수 있다고 귀뜸해 주어 芬이 李舜臣에게 그 말을 했더니 李舜臣은 "죽으면 죽을 따름이지 어찌 바른 도리를 어기고 삶을 구하겠느냐?"고 했다 한다.

李舜臣이 해전 중 부상을 당했을 때를 쓴 다음과 같은 글도 그가 어떤 인품의 사람이었던가를 잘 보여 주는 것이다.

하루는 이순신이 바야흐로 싸움을 독려하다가 날아오는 총알이 그의 왼쪽 어깨에 맞아서 피가 발꿈치까지 흘러내렸으나, 그는 아무 말도 아니 하였다. 그는 싸움이 끝난 뒤에야 비로소 칼로 살을 베고 총알을 꺼내니 두어 치나 깊이 박혀 보는 사람들은 낯빛이 까맣게 질렸으나, 그는 말하고 웃고 하는 것이 태연하여 여느 때와 다름 없었다.

또 李舜臣의 최후, "싸움이 한창 급하니 삼가 내 죽었다는 말을 하지 말라.(戰方急 愼勿言我死)"고 하고 숨을 거두었다는 것도 이 《懲毖錄》

에 근거하여 전해지고 있는 것이다.

세계 4대 해전 중 하나로 꼽히는 閑山海戰 때 맹위를 떨친 거북선에 대해서도 크게 알려져 있는 것이 없는데 이에 대한 柳城龍의 다음과 같은 글이 그 배가 어떠한 것이었던가에 대한 기본적인 지식을 전해 주고 있다.

이보다 먼저 이순신은 거북선을 창조하였다. 이 배는 널판자로 배 위를 덮어 그 모양이 활처럼 가운데가 높고 주위가 차츰 낮아져서 거북과 같았고, 싸우는 군사들과 노 젓는 사람들은 다 그 안에 들어가 있으면서 활동하고, 왼쪽 오른쪽 앞뒤에는 화포를 많이 싣고 마음대로 이리저리 드나드는 것이 마치 베짜는 북(梭) 드나들 듯 하였다.

이상과 같은 사람이 李舜臣이었으니 柳成龍이 한 변두리(井邑)의 縣監에 불과한 그를 단번에 한 나라 해군의 4분의 1의 지휘를 맡긴 것은 당연한 일이었다 할 것이다. 李舜臣은 단 한 차례의 패함도 없이 왜 수군을 격멸하여 왜군이 해로를 통하여 湖南과 京畿 지역을 범하고 漢陽을 위협하지 못하게 했으니 가히 왜적을 물리치는 데 수훈을 세웠다고 할 수 있다. 그런데 그런 그를 발탁, 천거하여 그와 같은 공을 세우게 한 사람이 柳成龍이니 그 한 가지만으로도 그는 나라를 구한 사람이라고 할 수 있을 것이다.

이 책의 「錄後雜記」는 후세인들에게 왜란을 교훈으로 삼아 난에 대비해야 할 바를 말해 주고 있다. 저자는 적과 싸우는 데 있어서 중요한 것은 地形을 잘 이용할 것과 군사들이 명령에 잘 복종하게 할 것, 그리고 예리하고 좋은 무기를 쓰는 것의 세 가지 계책이라고 하고 있다.

그는 왜란 때 地形을 잘 이용하지 못해 패한 예를 申砬의 패전을 예로 들고 있다. 그는 申砬이 먼저 鳥嶺 부근 수 삼십 리 사이에 활 잘 쏘는 사람 수천 명을 매복시키고 왜적으로 하여금 우리 군사의 수가 많고 적은 것을 헤아릴 수 없게 만들어 놓았더라면 가히 적을 제압할 수 있었을 것인데, 훈련도 되어 있지 않은 오합지졸을 거느리고 그 험한 요새를 버리고 평탄한 곳에서 승부를 겨루었으니 그렇게 패한 것은 당연한 이치였다고 했다. 그는 이 책 1권에서도 그에 대해 다음과 같이 쓰고 있다.

아아, 원통하다. 뒤에 들었지만 왜적이 상주에 들어왔으나, 그래도 험한 곳을 지나갈 것을 두려워하였다. 聞慶縣의 남쪽 10여 리쯤 되는 곳에 옛 성인 姑母城이 있는데, 여기는 좌우도의 경계가 되는 곳으로서, 양쪽 산골짝이 묶어놓은 듯하고 가운데로 큰 냇물이 흐르고 길이 그 아래로 나 있었다. 적병들은 여기를 우리 군사가 지키고 있을까 두려워하여 사람을 시켜 두세 번 살펴보게 하여 지키는 군사가 없다는 것을 알고는 곧 노래를 부르고 춤을 추면서 지나왔다고 한다. 그 뒤에 명나라 장수 李如松이 왜적을 추격하여 鳥嶺을 지나면서 탄식하기를 「이와 같은 험한 요새가 있는데도 지킬 줄을 알지 못하였으니, 申砬은 실로 모책이 없는 사람이었다고 이를 것이다.」고 했다.

저자는 왜란 당시에는 군사들이 명령을 잘 듣게 하는, 두 번째 계책에도 실패했다고 하고 있다. 그는 이에 대해 대저 국가에서는 좋은 장수를 사변이 없을 때에 뽑아 두었다가 변고가 있을 때에 임명해야 하며 이를 뽑는 데는 정밀함을 귀중히 해야 한다고 했다. 그런데 그 때 慶

尙道 수군장군은 朴泓과 元均이고 육군장수는 李珏과 曹大坤이었는데, 이들은 벌써 장수감으로 뽑힌 사람이 아니었다는 것이다. 난이 일어났을 때 防禦使와 助防將 등이 모두 조정으로부터 명령을 받고 내려왔었는데, 각각 마음대로 결단할 권한을 가지고 있었으므로 저마다 호령을 내리고, 나아가고 물러서는 것을 뜻대로 행하여 통솔이 되지 않아서 「전쟁에 패하면 수레에 시체를 싣는다」고 한 과오를 그대로 범하고 말았다는 것이다.

柳成龍은 무기의 중요함을 여러 차례에 걸쳐 강조하고 있다. 그는 군사들이 새로운 무기에 쉽게 익숙하게 할 수 있음을, 난 당시의 자신의 경험으로 들려 주고 있다. 난이 일어난 이듬해 그는 鳥銃을 만들고 화약을 마련하여 각 부서에 나누어 주어 밤낮으로 총 쏘는 기술을 익히게 하고 그 능하고 능하지 못한 것을 가려 상을 주고 벌을 주었더니 한 달 남짓하여 날아가는 새를 맞혔고 몇 달 뒤에는 명중률이 포로로 잡혀 온 왜적보다 나았다고 했다. 그 외에도 그는 적을 막아내려면 성을 굳건히 해야 한다고, 축성법에 대해서도 자세하게 이른 다음 "뒷날에 만약 원대한 생각을 가진 사람이 있다면 내 같은 사람의 말이라고 해서 버리지 말고 이런 제도를 마련한다면, 그것이 적을 막는 방법으로서 이로운 바가 적지 않을 것이다."라고 간곡히 당부하여 나라와 민족의 앞날을 걱정하는 그의 충정을 엿볼 수 있게 하고 있다.

《懲毖錄》은 단순한, 전쟁에 대한 기록을 넘어 전쟁문학의 고전이라 할 만한 예술성을 가진 책이다. 이 책은 그 기록의 정확성뿐 아니라 독자의 심금을 울리는 사실성을 가지고 있기 때문이다. 보통의 전쟁에 대한 기록은 그에 대한 지식을 주기는 하지만 감동을 주는 경우는 드물다. 그런데 이 책은 지식뿐 아니라 마치 우리가 그 지옥과 같은 세월

로 거슬러 올라가 사는 것과 같은 사실감과 거기서 오는 감동을 느끼
게 해 준다. 다음의 인용문은 난 중, 백성들의 기근이 얼마나 심했던가
를 눈 앞에 그려 보여 주는 것이다.

때마침 全羅道召募官 安敏學이 겉곡식 1천 석을 모아 가지고 배에 싣고
왔다. 나는 매우 기뻐하며 곧 임금에게 장계를 올려 이것을 가지고 굶주린
백성들을 구제하자고 청하고, 전 군수 南宮悌를 監賑官으로 삼아 솔잎을
따다가 가루를 만들어서 그 가루 열 푼 중에 쌀가루 한 홉씩을 섞어 물에 타
서 마시게 했는데, 사람은 많고 곡식은 적어서 살려낸 것이 얼마 안 되었다.
이를 본 明나라 장수들 역시 이를 불쌍히 여겨 자기네들이 먹을 군량 30석
을 나누어 내어 백성들을 구제하였으나, 이는 능히 백분의 일에 미치지도
못하였다. 하루는 밤에 큰 비가 왔는데, 굶주린 백성들이 내가 있는 곳의 좌
우에 와서 신음하고 있어 차마 들을 수가 없었다. 아침에 일어나 살펴보니
여기저기 흩어져 죽은 사람이 매우 많았다.

그에 이어 저자는 난이 일어난 이듬해 4월, 만 1년만에 漢陽을 수복
하여 들어왔을 때의 참상을 다음과 같이 그려 그 戰禍가 얼마나 끔찍
스런 것이었던가를 말해 주고 있다.

4월 20일에 漢陽이 수복되었다. ―中略― 나도 明나라 군사를 따라 도성
에 들어왔는데, 성 안에 남아 있는 백성들을 보니 백 명에 한 명 꼴도 살아
남아 있지 않았고, 그 살아 있는 사람도 다 굶주리어 야위고 병들고 피곤하
여 낯빛이 귀신과 같았다. 이 때는 날씨가 몹시 무더웠는데, 죽은 사람과 죽
은 말이 곳곳에 드러난 채 있어서, 썩는 냄새가 성 안에 가득 차서 길에 다

니는 사람들이 코를 막고서야 지나갈 형편이었다.

그 해 10월, 宣祖가 漢陽으로 돌아왔는데 저자는 그 때의 도성 백성
들의 참혹한 모습을 그려 보여 주고 있다. 다음과 같은 대목은 어떤 전
쟁기록문에서도 대하기 어려운, 읽는 이의 가슴을 쳐오는 생생한 것이
라 할 수 있을 것이다.

중앙, 지방 할 것 없이 굶주림이 심하고, 또 군량을 운반하는 데 피곤하여
늙은이, 어린이들은 도랑과 골짜기에 쓰려졌고 장정들은 도둑이 되었으며,
거기에다 전염병으로 해서 거의 다 죽어 없어지고, 심지어는 아버지와 아
들, 남편과 아내가 서로 잡아먹는 지경에까지 이르고, 죽은 사람의 뼈가 잡
초처럼 드러나 있었다.

위와 같은 여러 가지 의미에서 《懲毖錄》은 한국인이라면 누구나 한
번은 읽어야 할 명저가 아닌가 한다. 그 중에서도 특히 위정자들은 반
드시 읽어 국사를 맡은 사람의 마음과 몸가짐이 어떠해야 할 것인가의
거울로 삼아야 할 것이다.

9. 자와할랄 네루의 《세계사 편력》

    《세계사 편력》은 인도의 초대 수상, 자와할랄 네루가 그의 딸 인디라 간디에게 쓴 편지를 모아 간행한 책이다. 인도 명문가의 외아들로 태어난 네루는 영국 케임브리지 대학에서 자연과학을 공부하다 곧 전공을 법학으로 바꾸었다. 그것은 아마 영국의 압제와 수탈에 신음하고 있는 조국을 위해 일하기에 자연과학 공부는 너무 우원하다고 생각한 때문이었을 것이다. 대학을 졸업하고 변호사 자격을 취득한 그는 인도 민족의 해방 투쟁에 뛰어들었다. 그 투쟁 과정에 그는 모두 9번이나 투옥되었다. 그는 6번째 투옥되어 복역하고 있을 때 그의 무남독녀 인디라 간디에게 약 3년에 걸쳐(1930. 10. 26~1933. 9. 8) 1백 96통의 편지를 썼다. 사람들은 그 편지글이 아버지의 감옥살이로 제대로 된 교육을 받지 못한 딸에게 세계사를 가르치기 위해서 쓴 것이라고 말한다. 그 글들을 읽으며 성장한 딸 간디는 그 아버지가 수상이 되었을 때 비서로 일한 적이 있고 1966년에는 그녀 자신이 수상이 되었다. 그래서 《세계사 편력》은 흔히 ‘인디라 간디를 7억 인도의 지도자로 이끈 책’으로 불리고 있다. 그러나 이 책을 딸의 교육을 위해서 쓴 글로만 보는 것은 지나치게 그 의미를 축소하는 시각이라고 해야 할 것이다. 왜냐하면 이 책의 문면을 깊이 음미해 보면 이 글은 그의 딸을 포함한 세계의 모든 젊은이, 전 인류를 위해 쓴 것이라 함을 알 수 있기 때문이다.

실제로 그가 1934년 1월 1일, 출옥 2개월 여 뒤에 바로 그 편지들을 책으로 간행하기 위한 서문을 쓴 것만 보아도 그것을 알 수 있다.

저자가 거듭 말하고 있듯, 그는 사학자가 아니고 이 책은 역사서라고 하기도 어렵다. 특히 이 책은 역사적 사실, 사건의 일시와 장소, 인물 등 디테일 면에서는 허술하기 짝이 없다고 할 수 있다. 감옥 안이란 극히 제한된 공간에서 자유로이 자료를 접할 수 없어, 12년 간 감옥을 떠돌면서 그때그때 메모한 것을 골격으로 쓴 글이니 그런 면에서의 정확성과 상세함을 바란다는 것은 그 자체가 무리라 할 것이다. 솔직히 말해서 이 책은 한 권의 역사서라고 하기보다 인류사에 대한 에세이집, 역사비평서라고 하는 것이 옳을 것이다. 그런데도 이 책은 어느 전문 사학자가 쓴 어떤 역사서보다 뜻 있는 책이다. 왜냐하면 당시 대부분의 역사서가 서양 위주의 편견에 의해 쓰여졌는 데 반해 이 책은 이를 철저하게 배격하고 있고 또 저만큼 높은 곳에서 조망하면서 세계사를 보다 정확하게 해석하고 있으며 미래까지 투시하고 있는 혜안을 접할 수 있게 해 주기 때문이다. 이제 이 책이, 특히 우리에게 어떤 깨달음과 감명을 주는 대문을 살펴보기로 하겠다.

저자는 역사의 주인공은 민중이라 함을 처음부터 끝까지 강조하고 있다. 그는 참으로 위대한 인물은 왕좌나 왕관이나 보석이나 칭호로 허세를 부린 자들이 아니라 일견 초라하고 아무 힘도 없어 보이는 민중이라고 하고 있다. 우리는 아래의 인용문에서 그러한 그의 목소리를 들을 수 있다.

자와할랄 네루 (1889~1964) 인도의 독립운동가, 정치가. 인도의 명문가에서 태어난 그는 영국 케임브리지 대학에서 법학을 전공하고 변호사가 되어 조국의 독립 투쟁에 몸을 바쳤다. 인도 독립 후 초대 수상이 된 그는 제3세계의 지도자로 활약했다.

우리는 자칫하면 그 겉치레에 마음을 빼앗기고 눈이 팔려 「한 평범한 인간에 지나지 않는 자라도 왕관을 머리에 얹었다는 이유로 임금이라고 부르고 동경해 마지 않는」 과오를 범하게 된다. 참된 역사는 여기저기 흩어진 몇몇 개인이 아니라 하나의 민족을 형성하고, 일터에서 생활필수품이나 귀중품을 생산하며 여러 사람과 서로 긴밀한 협력을 하고 있는 민중들을 다루어야 할 것이다.

민중의 역사야말로 존경할 만한 가치가 있는 것이다. 그리고 그런 역사는 유구한 세월을 통하여 인간이 싸움을 계속해 온 투쟁사가 될 것이다. 자연에 대한 투쟁, 맹수와의 투쟁, 그리고 자기의 이익을 위해 인간을 구속하고 착취하려는 소수의 동족에 대한 가장 어려운 투쟁―이런 것이 인간의 생존을 위한 투쟁사이다. 그러므로 삶을 위해 없어서는 안 되는 것, 예컨대 음식물이나 집이나 옷과 같은 이런 필수품들을 손으로 생산해 내는 사람들이 다름 아닌 인류사의 주인공인 것이다.

저자는 서양의 봉건시대를 예로 들면서, 소수의 지배계층들이 이 역사의 주인공들을 동물을 대하듯이 했다고 하고 있다. 그 시절에는 한편으로는 봉건영주와 그 가신, 그리고 다른 한편으로는 극도의 빈민으로 구성된 하나의 사회가 이루어지게 되었었다. 네루는, 돌로 쌓은 영주의 성곽 주위에는 반드시 흙이나 판자로 만든 농노의 움막이 즐비하여 거기에는 아주 동떨어진 두 개의 세계―영주와 농노―가 병존하고 있었는데 영주들은 농노들을 약간 색다른 털을 가진 가축 정도로 생각했을 것이라고 하고 있다.

이 책은 그에 앞선 로마시대 지배자들의, 인간 모독적 잔혹행위에 대해서도 자세하게 기록하고 있다. 재정난에 봉착한 로마 군대는 동방에서 정기적으로 노예 포획을 했고 델로스 섬에는 큰 노예시장이 있었다 한다. 그 매매 인원은 하루에 1만 명이 넘는 경우도 있었고 로마의 콜롯세움에서는 한 번에 1천 2백 명에 달하는 노예들이 황제를 비롯한 귀족들의 심심풀이로 서로 죽이고 죽는 경기를 해야 했다 한다. 저자는 권력자들이 전 세계로부터 빼앗아 들여온 식량과 사치품으로 흥청거리면서 민중을 고통과 궁핍으로 몰아넣고 있는 일은 그 형태만 달라졌을 뿐 이 책을 쓴 1930년대 당시에도 세계 곳곳에서 자행되고 있었다고 하고 있다. 이는 당시 제국주의 강국들의 아시아, 남미, 아프리카를 대상으로 한 약탈 등 악행을 말하고 있는 것이라고 보아야 할 것이다.

저자는 또 17세기 전제정치 시절의 군주를 에라스무스가 한 다음과 같은 말로 표현하고 있다.

수많은 새들 중 솔개야말로 예언자의 눈에 비치는 군주정치의 모습이다. 솔개는 아름다운 날개가 있는 것도 아니고 고운 목소리로 지저귀는 것도 아니며 그렇다고 식용이 되는 것도 아닐 뿐더러 날고기를 좋아하고 탐욕스럽기 짝이 없고 악의에 찬 눈으로 보고 모든 것의 원망의 대상이 되어 있으며 악을 자행할 수 있는 강대한 위력을 가졌다. 더구나 악을 자행하려는 의욕은 그가 가진 위력을 훨씬 능가한다.

그리고 거기에 덧붙여 저자는 다음과 같이 말하고 있다. 왕 따위는 오늘날은 거의 사라졌다, 약간 남아 있는 것도 요즈음은 지극히 미미한 권력밖에 가지고 있지 않든가 또는 전혀 실권이 없는 과거의 유물이 되었다, 그러므로 이제 우리는 그들의 존재를 안중에 둘 필요는 없다, 그러나 그들 대신에 더욱 고약한 다른 무리가 그 자리에 앉아 있다,

솔개는 오늘날에도 여전히 제국주의자로서 존재하는데 철과 석유, 그리고 금과 은은 그들 제국주의자, 왕들에게 안성맞춤의 문장으로 쓰인다는 것이다.

저자의 눈에는 인류사에 있어서 획기적인 사건으로 칭송 받아온 대발견, 발명들도 전혀 다른 어둡고 우울한 것으로 보인다.

콜럼버스는 1492년 아메리카 대륙을 발견했고 마젤란의 선단은 1522년 세계를 일주했다. 유럽인들이 그와 같이 목숨을 걸고 미지의 거친 바다로 나간 것은 경제적 이익을 얻기 위해서였다. 당시 유럽에서는 후추 등 향료가 귀해 비싼 값으로 거래되었었다. 이들 향료는, 로마시대에는 같은 무게의 금값과 같았다니 어느 정도 귀한 것이었던가를 짐작할 수 있다. 향료는 남인도나 실론에서도 조금 났지만 주로 인도양의 말라카즈 군도에서 생산되었다. 그래서 유럽인들이 다투어 인도양으로 가려 한 것이 아메리카 대륙에 발을 딛는 지리상의 대발견을 하게 된 것이다.

물론 이 신대륙의 발견은 인류역사에 있어서 좋은 면에서 큰 뜻이 있는 사건이었다. 무엇보다 세계가 한층 넓어지면서 아이러니컬하게도 또 더욱 가까워졌다는 점에서 그렇다. 그밖에 더욱 큰 의의를 둘 만한 것은 이로 인해 유럽 세계가 큰 지각 변동을 일으키게 되었다는 것이다. 신항로의 발견으로 스페인과 포르투갈이 갑자기 아메리카와 동방으로부터 엄청난 재화를 끌어들이자 이에 분발한 유럽은 자체 내의 변화를 가일층 촉진시켰다. 유럽은 만사를 세계적인 관점에서 생각하고 세계 무역과 세계 지배에 대해 커다란 가능성을 두었다. 부르주아 세력이 증대되었으며 날이 갈수록 봉건제도는 서유럽의 앞길에 놓인 장애물이 되어 갔다.

봉건제도는 농민에 대한 착취의 제도였다. 농민들은 강제노동과 부역, 공조를 부담하고 영주는 재판관까지 겸하고 있었다. 농민의 고통은 점점 심해지고 농민반란과 농민전쟁이 빈번히 일어나고 번져 갔다. 그러한 때, 지리상의 발견이 계기가 되어 유럽 각지에서의, 중간계급, 즉 부르주아의 대두로 봉건제도를 바꾸어 놓는 혁명이 일어났다. 그러니까 신대륙의 발견은 결국 오랜 세월, 유럽 인민들을 짓밟고 헐벗고 굶주리게 해 온 봉건제도가 붕괴되게 한 것이다. 물론 그와 같은 혁명은 신대륙의 발견, 하나만의 결과는 아니었다. 그것은 그 외 여러 요소의 작용이 불러 온 것이었다. 그 중 하나로 인쇄술의 발달을 들 수 있다. 아랍인이 중국인으로부터 제지법을 배워 간 이후 유럽에 값싼 종이가 대량 공급되기에 이르자 15세기 말부터는 인쇄술이 널리 보급되었다. 그 결과 책의 간행이 크게 늘어났고 그 때 가장 먼저, 가장 많이 간행된 책이 성경이었다. 교직자들의 전유물이던 성경을 읽은 사람들은 교직자들의 거짓과 독선에 눈 떠 그들을 정면으로 비판하고 도전하게 되어 봉건 세력의 한 축이었던 교회를 근본으로부터 뒤흔들어 놓았다. 위에서 보았듯이 신대륙, 신항로의 발견은 그와 같은 요인들과 함께 봉건제도를 무너뜨리는 선업을 이루게 했다.

그러나 민중의 입장에서 보면 그것이 바로 인간다운 삶을 되돌려 주는 것은 아니었다. 아시아, 아메리카에 살고 있던 사람들에게는 유럽인의 신항로 발견이 하나의 끔찍한 재앙이었다. 콜럼버스의 아메리카 발견이 있은 20여 년 뒤 스페인은 멕시코와 페루로 가서 각각 그 곳의 아즈텍제국과 잉카제국을 짓밟았다. 그들은 모략과 잔인성으로 그들의, 찬란한 고대문명의 나라를 멸망시키고 황금을 약탈했다. 약탈 경쟁은 그 후에도 계속되어 17세기에는 영국과 네덜란드가 무역상사를 세우고 인도의 고혈을 빨았다. 인도에 대한 그러한 강탈 행위는 3백여 년 간이나 계속되어 제2차 세계대전이 끝나고 나서야 막을 내렸다.

1700년대에 일어난 영국의 산업혁명도 저자의 눈에는 음양, 양면의 영향을 미친 것으로 비치고 있다. 1732년 케이가 자동 베틀을, 1767년 하그리브스가 방적기를 발명하고 1765년 제임스 와트가 증기기관을, 1825년 스티븐슨이 기차를 발명함으로써 영국, 유럽에서의 산업혁명은 가속화되었다. 기계는 인간을 원시적인 모습에서 끌어올려 인간사회를 자연의 속박으로부터 해방시켰다. 또 기계의 도움으로 인간은 보다 쉽게 물건을 만들 수 있게 되었다. 덕분에 인간은 더 많은 것을 생산했으며 더 많은 여가를 얻게 되어 그 결과 문화와 사상과 과학이 진보하게 되었다.

그러나 여기에도 심각한 문제는 있었다. 기계와 공장이 출현하고부터는 공업생산을 위해 엄청나게 많은 돈이 필요하게 되었다. 그것이 바로 산업자본이다. 그리고 자본주의란 말은 오늘날에는 산업혁명 이후에 발달한 경제체제를 표현하는 데 쓰인다. 이 제도 아래서는 자본의 소유주 곧 자본가가 공장을 지배하고 이윤을 거두어 들였다. 자본주의는 처음부터 부자와 빈자의 격차를 심하게 만들었다. 산업의 기계화가 전에 비해 엄청난 증산을 가져왔으므로 전보다 훨씬 큰 부가 생겨난 셈이다. 하지만 이 새로운 부는 극소수의 자본가의 손아귀에 집중되어 노동자는 여전히 가난했다. 노동자의 산업이윤에 대한 할당은 지극히 적은 것이었다. 산업혁명과 자본주의는 생산 문제를 해결했으나 생산된 부의 분배 문제를 해결하지 못했다. 그래서 산업혁명 후 유럽의 민중은 공장에서, 탄광에서 고통스런 노동을 했으나 겨우 입에 풀칠이나 할 수 있었을 뿐 가난은 면할 수가 없었던 것이다. 이 책은 빈부 격차의 심화와 그 밖의 기계의 해악에 대해 다음과 같이 말하고 있다.

　그러나 기계와 그 부속물들은 모두 고마운 것은 아니었다. 기계는 문명을 발달시켰지만 동시에 전쟁과 파괴를 위한 무서운 무기를 생산함으로써 야만성을 키웠다. 기계는 굉장한 재화를 생산했으나 이 대량의 재화는 대중의 손에 골고루 분배되지 못하고 부유한 사람들의 사치와 빈민의 가난의 격차를 전보다 더욱 두드러지게 했다. 기계가 인간의 종이 되는 것이 아니고 오히려 기계쪽이 인간의 주인으로 올라앉으려 했다. 기계는 한편으로 협력, 조직, 정확성의 좋은 습관을 가르쳤으나 다른 한편, 생활 자체를 무미건조하게 바꾸어 자유가 없는 기계적인 무거운 짐으로 만들어 버렸다.

　그러나 네루는 만사를 비관적으로 보고 있지는 않다. 그는 위의 두 가지 부정적인 면에 대해서 인간이 현명하게 대처해야 할 것이라고, 다음과 같이 말하고 있다.

　기계가 나타나 여러 가지 피해가 발생했다고 해서 기계를 원망하는 것은 잘못이다. 죄는 그것을 잘못 이용한 인간과 그것을 적절히 이용하지 않았던 사회에 있기 때문이다. 세계 어떤 나라건 산업혁명 이전으로 후퇴한다는 것은 생각할 수 없는 일이며, 기계의 피해를 없애기 위해 공업문화가 우리에게 가져다 준 기계를 팽개쳐 버린다는 것은 현명한 처사가 아니다. 어쨌든 기계는 나타났고 우리들 곁에 머물고 있으니 우리들로서는 공업문화의 긍정적인 면을 살리고 부정적인 면은 배제시키면서 기계가 낳은 부의 혜택을 향유하지 않으면 안 된다. 그러나 동시에 그 부가 그것을 생산한 노동자들 사이에 공평히 분배되도록 노력하지 않으면 안 된다. 위와 같은 말은 오늘을 살아가고 있는 우리들이 귀담아 들어야 할 것이 아닌가 한다.

이 책에 나타나 있는, 저자가 혁명을 보는 눈도 신선하면서 정곡을 찌르는 것이다. 그는 그 예로 1789년 프랑스 혁명을 들고 있다. 그는 인류사상 유례가 없는 이, 대사건에 대해 다음과 같이 말하고 있다. 이 혁명은 마치 화산과 같이 폭발했다. 그러나 우리 눈에 돌연한 폭발처럼 보이지만 혁명은 아무런 까닭 없이, 과정도 없이 갑자기 터지는 것이 아니다. 화산의 폭발은 대지의 밑바닥이 오랜 기간동안 여러 가지 힘이 서로 작용하고 많은 화력이 집약되어 땅껍질이 더 이상 견디지 못할 때 비로소 거대한 화염이 분출되어 일어나는 것이다. 혁명도 마찬가지로 사회의 심층부에 누적된 요인이 터져 불을 뿜게 되는 것이다. 물은 가열하면 끓는다. 그러나 그것은 시간의 흐름에 따라 점점 뜨거워지고 드디어는 끓는점에 도달하게 된다.

자신들의 폐쇄된 사고방식 이외에는 전연 눈뜬 장님이나 다름없는 어리석은 지배자들은 혁명이 선동가에 의해 일어난다고 생각하지만 선동가 아닌 「사상」과 「경제」가 혁명을 낳는다. 선동가란 원래 현실에 만족하지 않고 변화를 기대하며 그것을 위해 노력하는 사람들이다. 어떤 혁명적 시기이든 그런 혁명가들이 많이 나타나며 그들 자신이 폭발의 정도와 불평 불만의 존재를 암시하는 징조이다.

그러나 몇 백만 몇 천만이나 되는 사람들이 오직 선동가들의 명령에 따라 행동한다는 것은 있을 수 없다. 대부분의 사람들이 무엇보다 바라는 것은 안전이다. 그러므로 그들은 자신의 것들을 잃을지도 모르는 위험을 결코 범하려고 하지 않는다. 다만 너무나 생활이 어려워서 잃을 것조차 없을 때 아무리 약자라 해도 스스로 위험 속으로 뛰어들 각오를 하게 된다. 그 때 그들은 그 길이 비참한 자신들의 처지를 해결할 수 있는 유일한 길이라는 선동가들의 소리에 귀를 기울이게 된다.

이 책은 먼저 프랑스 혁명 당시의 폭발 요인 중 「경제」에 대해서 다음과 같이 말하고 있다. 암우한 황제 루이 16세는 사치와 낭비, 부패로 재정적 파탄 상태에 이르게 되었다. 그 재정을 민중의 수탈로 충당하니 민중은 기아 상태에 빠져들었다. 그리하여 굶주린 대중의 봉기가 일어나기 시작했다. 봉기는 수년 동안 연달아 일어났는데 잠시 뜸을 들였다가 또다시 일어났다. 지배자들은 식량과 토지를 요구하는 농민들을 그냥 소란스럽게 울부짖는 동물들 쯤으로 생각했다. 디종에서 농민들이 빵을 달라고 외치며 봉기했을 때 당시 디종의 시장은 그들을 향해 "들에는 풀이 있다. 가난한 자들은 풀을 먹어라!"고 했다는 것만 보아도 그것을 알 수 있다. 혁명 직전인 1777년 프랑스에는 무려 1백 10만 명의 거지가 있었다고 하니 경제적인 측면에서의 폭발력은 이미 극에 달해 있었다고 할 것이다.

네루는 「사상」 면에서도 혁명은 필연적인 것이었다고 하고 있다. 18세기 유럽에서는 뛰어난 사상가들이 나타났다. 프랑스인 볼테르가 그 중 한 사람이다. 「수치를 모르는 자를 공격하라」는 유명한 말을 남기고 있는 그는 많은 저서를 통해 부정한 것과 고루한 것을 통렬히 비판하여 민중으로 하여금 합리주의와 자유에 눈뜨게 했다. 같은 시대의 스위스 출신 저술가 장 자크 루소도 민중에게 큰 영향을 미쳤다. 그의 저술 중 유명한 것은 「인간은 타고나면서부터 자유로운데도 도처에서 쇠사슬로 묶여 있다」고 한 말로 시작되는 《사회 계약론》이다. 또 한 사람의 프랑스인, 몽테스키외의 저작 《법의 정신》도 진정한 민주주의 사상의 기초가 되었다. 위와 같은 프랑스 석학들의 사상과 이론이 혁명에 강력한 영향을 준 것은 명백하다. 물론 그 이전에도 대중이 반란과 봉기를 일으킨 예가 있지만 프랑스 혁명의 경우는 자각한 대중, 또는 의식적으로 지도된 대중의 봉기라는 점에서 의의가 크다. 그런 점에서 1778년 84세를 일기로 세상을 떠나기 전 "청년은 행복하다. 그들은 일대 사건을 직접 보게 될 것이다."라고 한 볼테르의 말은 하나의 예언처럼 들린다. 그가 죽은 11년 뒤, 프랑스 청년들은 그들의 눈으로 볼테르가 말한, 그 혁명을 볼 수 있었기 때문이다.

우리가 서양의 역사를 읽을 때 소름끼칠 만큼 끔찍스런 일로 생각하는 것이 프랑스 혁명에 잇달은 공포정치다. 혁명이 성공하자 혁명군은 그 때까지의 동지들에게 창끝을 돌려대 주체할 수 없는 에너지를 탕진하고 혁명을 망쳐 버렸다. 혁명 후에 선거가 실시되어 코뮌이라는 이름의 자치 정부가 수립되고 지금의 의회 격인 국민공회가 결성되었다. 곧 국민공회의 온건파 지롱드당과 급진파 자코뱅당이 권력 싸움을 벌였는데 여기서 자코뱅당이 승리했다. 자코뱅당이 주도한 공안위원회는 파리코뮌과 대립한 끝에 이를 없애고 막강한 권력을 장악했다. 그들은 1793년 9월 「혐의법」을 가결했다. 인류사에 있어서 이만큼 무서운 법도 찾아보기 어려울 것이다. 이 법의 요지는 누구든지 반혁명, 반공화의 혐의가 있으면 처형한다는 것이다. 먼저 자코뱅당에 맞섰던 지롱드당원 22명이 이 법에 걸려 길로틴이란 이름의 단두대의 이슬로 사라져 갔다. 당시에는 또 공화정에 반대하는 자는 죽인다, 공화정을 위해 한 일이 없는 자도 죽인다는 법이 있었다 한다. 거의 날마다 담브릴(쓰레기 운반차)이란 이름의 수레가 죄수들을 길로틴으로 실어 날랐다. 어떤 날에는 한꺼번에 1백 50명의 피의자가 재판을 받고 거의 모두 처형되기도 했다. 그 와중에 바스티유 습격을 주도한 혁명영웅 카미유 데물랑, 가장 뛰어난 혁명 지도자로 존경받던 마라, 군중을 사로

잡는 사자후의 투사 당통이 차례로 희생되었다. 이와 같은 공포정치는 자코뱅당 지도자 로베스 피에르가 주도했다. 그러나 그도 그 연속적인 합법살인에 견디다 못한 공회가 들고일어나 권좌에서 물러나 '독재자' 란 죄명을 쓰고 길로틴의 희생물이 되었다. 이로써 16개월에 걸친 공포정치는 4천여 명의 생목숨을 빼앗고 막을 내렸다. 그리고 그것은 또한 프랑스 혁명이 끝난 것을 의미했다. 이 혁명의 미완, 실패로 그 뒤 나폴레옹이 나타나 황제가 되고 그로 인해 온 유럽이 불바다가 되었으니 이 공포정치는 세계사에 있어서의 한 오점이라 할 수 있다.

그런데 《세계사 편력》을 읽어 보면 당시의 사정을 좀 더 잘 이해할 수가 있다. 저자는 이에 대해 다음과 같이 말하고 있다. 곧 죄 없는 많은 사람들까지 희생된 것을 생각하면 가슴이 아프지만, 그 때의 몇 가지 사실은 마음 속에 새겨둘 필요가 있다. 그래야만 프랑스의 공포정치를 올바르게 평가할 수 있게 된다. 공화국은 공공연하게 적과 내통하는 자들과 간첩에 둘러싸여 있었다. 단죄를 받은 사람들의 대부분이 공화국에 대한 자신들의 죄를 인정했다는데 이는 그들이 공화정의 적과 연루되어 있었음을 말해 주는 것이다. 공화정치의 목적을 위해서는 죄없는 사람도 죄를 감수해야 했다. 두려움에 긴장되다 보면 판단력이 흐려져 죄의 유무를 정확히 판단하기가 어렵게 된다. 저자가 이렇게까지 그 무서운 사건을 너그럽게 이해한 바탕에는 그가 민중의 편에 서서 그 사건을 보고 있었기 때문이라는 것을 알 수 있다. 다음의 인용문에 그것이 분명하게 드러나 있다.

프랑스의 공포정치는 실로 무서운 사건이었다. 그렇지만 그것도 빈곤과 실업의 끊일 새 없는 참상에 비하면 아무것도 아니다. 사회혁명의 희생은 그것이 아무리 비싼 대가라 할지라도 결국 이들이 제거하고자 하는 해독이나 현제도하에서 때때로 불가피하게 일어나는 전쟁의 희생보다는 가벼운 것이다. 프랑스 혁명의 공포가 우리 가슴 속에 거창하게 자리잡고 있는 것은 다수의 거룩하신 귀족들이 희생자가 되었고 또 우리는 특권층이 곤경에 빠지면 더 애처롭게 생각하는 습관이 있을 정도로 그들을 존중하는 데 익숙해 있기 때문이다.

우리가 다른 이들에게 했던 것과 마찬가지로 그들에게도 호의를 갖고, 동정을 하는 것도 좋지만, 잊지 말 것은 그들은 소수이며 정말로 귀중한 것은 대중이라는 사실이다. 「인류를 구성하는 것은 인민이다. 인민 아닌 자는 일일이 고려할 바 못되며 사소한 존재에 불과하다.」고 한 루소의 말과 같이 소수를 위하여 대중들을 희생시킬 수는 없는 것이다.

저자는 이 책을 통해 우리로 하여금 종교에 대해서도 새롭게 눈뜨게 해 준다. 그는 종교는 종종 인간에게 깨달음을 주는 것이 아니라, 암흑 속으로 인도하려고 했으며 그들의 마음을 열어주기는커녕 오히려 옹졸하게 만들어, 타인에 대하여 관대하지 못하게 한 경우가 있었다고 했다. 그에 의하면 여러 가지 큰일들이 종교의 이름으로 이루어지기는 했지만 동시에 종교의 이름으로 수백 수천만의 사람들을 살해하고 온갖 죄악을 자행했다. 이 책은 중세 암흑기에 저지른 기독교의 행악은 젖혀 두고 근세에 유럽인들이 그들의 종교를 앞세워 아시아인들을 상대로 얼마나 가증스러운 짓을 했는가에 대해 소상하게 쓰고 있다. 우선, 중국에 대해 저지른 그들의 만행만을 살펴보기로 하자.

근세, 중국에서 가장 무섭고 참혹한 반란을 일으킨 것은 1850년 경 기독교 광신자 洪秀全이 일으킨 태평천국의 난이다. 그는 "우상 숭배자를 죽여라!"고 외치며 무수한 백성을 참혹하게 살해했다. 처음, 선교사들의 지지 아래 일어난 이 반란은 중국의 절반을 휩쓸어 12년 동안에 최소한 2천만 명이나 되는 무고한 사람들이 무참하게 살육되었다.

또 중국인들의 입장에서 보면 전도사들은 복음과 선의의 사자로 온 것이 아니었다. 그들이야말로 제국주의의 앞잡이였던 것이다. 영국의 한 저술가가 "우선 선교, 다음엔 함포, 그리고는 영토의 병합, 이것이 중국인의 마음속에 비친 사건의 순서이다."라고 쓴 것만 보아도 당시의 사정을 한 번에 알 수 있다. 유럽의 강국에게는 중국에서의 선교사 살해사건보다 이익이 큰 사건은 없었다. 그들은 그같은 사건을 물고 늘어져 이를 배상 요구와 특권 확대의 도구로 빈틈없이 이용했다. 1859년 제2차 중국전쟁이 그 전형적인 예다. 이 해에 중국의 광서성 서림현에서 한 프랑스인 선교사가 살해되었다. 영국과 프랑스, 러시아가 이를 구실 삼아 중국에 쳐들어갔다. 1860년 불한당과 같은 영국과 프랑스군은 중국 황제의 궁전 원명원에 난입해 수천 년 동안 중국인들이 세계의 보물로 자랑해 온 진귀한 도자기, 고문서 등을 약탈하고 아름다운 건축물들을 파괴하고 불질렀다. 뜻있는 중국인들이 할복을 하면서까지 그들의 만행에 항의했으나 그들은 눈 하나 깜짝하지 않고 강도짓과 살인, 방화를 계속했다. 현대 무기를 가진 그들에게는 대항할 힘이 없는 중국인들의 분노도, 항의도 아랑곳할 필요가 없었던 것이다. 당시 그들은 다음과 같은 말을 노래처럼 외쳤다 한다.

"어떤 일이 일어나도

우리에게는 「맥심」 기관총이 있다.

적은 아무것도 가진 것이 없다."

이 책에는 우리 한국 독자들이 참으로 감사하게 읽어야 할 부분도 있다. 유럽 열강의 아시아 약탈을 본받은 일본이 우리나라에 어떤 못된 짓을 했는가에 대해 비교적 소상하고 정확하게 쓰여 있기 때문이다. 저자는 1900년대 초, 4천여 년의 역사를 지닌, 상쾌한 아침의 나라 조선이 일본의 총칼 아래 무참하게 유린당했다고 하고 있다. 그는 이어 나라를 빼앗긴 조선민족은 독립 항쟁을 줄기차게 계속했는데 그 중에서도 중요한 것이 1919년의 독립만세 운동이라고 했다. 그는 이 운동에서 조선 청년들은 맨주먹으로 적에 항거하여 용감히 투쟁했다고, 우리 민족의 의기를 높이 평가했다. 이 책은 그에 대해 다음과 같이 쓰고 있다.

3·1 운동은 조선민족이 단결하여 자유와 독립을 찾으려고 수없이 죽어 가고, 일본 경찰에 잡혀 가서 모진 고문을 당하면서도 굴하지 않았던 숭고한 독립운동이었다. 그들은 그러한 이상을 위해 희생하고 순국했다.

네루의 《세계사 편력》은 역사의 나무 아닌 역사의 숲을 볼 수 있게 해 주는 명저라 할 것이다.

제 2 부 名作

1. 許筠의 〈洪吉童傳〉

〈洪吉童傳〉은 흔히 한국 최초의 '국문소설'로 불려온 작품이다. 이 소설이 '한국 최초의 소설'이 되지 못하고 구차하게 그 앞에 '국문(=한글)'이란 한정적 관형어를 붙이게 된 것은 그 전대에 金時習의 한문소설 〈金鰲新話〉가 나와 있었기 때문이다. 그러나 〈金鰲新話〉는 외래문자인 한자로 쓰여졌을 뿐 아니라 그것이 중국 明나라 瞿佑가 쓴 〈剪燈新話〉의 명백한 모작인, 번안소설이기 때문에 〈洪吉童傳〉이야말로 최초의 한국소설이라고 해도 좋을 것이다.

〈洪吉童傳〉의 작자가 누구냐 하는 문제는 아직도 논란 중에 있다. 그러나 일반적으로 許筠이 썼을 것이라는 학설이 학계의 지배적인 견해다. 일찍이 朝鮮朝의 澤堂 李植이 許筠이 썼다고 단언한 바 있고 1939년 《朝鮮小說史》를 쓴 天台山人도 그에 동의하고 있다. 여러 가지 異論이 없는 것은 아니지만 澤堂의 말을 부정할 만한 증빙자료가 없는 한 이 소설이 許筠이 지은 것이라는 주장을 받아들일 수밖에 없다.

許筠은 朝鮮 宣祖 2년(1569) 당시 慶尙監司이던 許曄의 3남 2녀 중 막내로 태어났다. 뛰어난 문재를 타고난 그는 21세에 生員試에 합격

許筠 (1569~1618) 朝鮮 宣祖~光海君 때의 문인, 정치가로 호는 咬山. 慶尙監司 曄의 3남. 20대에 과거에 급제하여 宦路에 나선 그는 여러 차례 중국을 다녀왔고 벼슬이 左參贊에까지 이르렀다. 뛰어난 文才와 함께 반항아의 기질을 타고난 그는 49세에 역모 죄로 처형되었다.

하고 26세에는 廷試 乙科에 급제, 다시 29세에는 重試에서 장원을 했다. 파란이 많기는 했지만 그는 宦路에서의 입신도 성공한 편으로 48세에는 벼슬이, 오늘의 법무부장관에 해당하는 刑曹判書, 이듬해에는 左參贊에 이르렀다. 그는 두 형 筬·篈과 누이 蘭雪軒과 함께 文名을 크게 떨쳐 중국에까지 이름이 알려져 있었는데 그의 詩文은 그 중에서도 뛰어난 것으로 알려져 있다.

그러나 철저한 유교적 질서의 세계에서 보여준 그의 경솔하고 얽매이지 않는 분방한 언행은 많은 말썽을 일으켜 따가운 비난의 대상이 되기도 했다. 《逸事奇聞》은 그의 행동이 괴패하여 喪中에 기생을 끼고 놀았다고 하고 있고 《明倫錄》은 그를 가리켜 천지간의 괴물이라고 했다. 그와 같은 그의 성격과 삶은 필연적으로 당시 사회와 마찰을 빚어 宣祖의 寵臣이었던 그의 맏형 筬의 비호에도 불구하고 29세(宣祖 30년)에서 50세(光海君 10년)에 이르는 20년 남짓한 벼슬살이 동안 다섯 차례에 걸쳐 파직을 당하고 두 차례나 귀양을 갔다. 그는 光海君 10년 당시 滿洲에 後金國이 서 내외 정세가 어지러운 틈을 타 역모를 꾀했다. 《荷潭錄》은 그가 거짓으로 위급한 것처럼 꾸며 사람을 시켜 매일 밤 산에 올라가 「西賊이 압록강을 건넜다. 琉球人이 쳐들어와 海島에 진치고 있다. 성을 나와 피하는 사람만이 화를 면할 것이다.」고 소리치게 해 많은 漢陽 사람들이 성을 나와 도피했다고 기록하고 있다. 그 일로 그는 같이 모의를 했다는 禹慶邦, 河仁俊 등과 함께 1618년 반역죄로 西市에서 百官이 지켜보는 가운데 磔刑(찢어 죽이는 형벌)에 처해졌다.

〈洪吉童傳〉이 쓰여진 것으로 보이는 光海君 당시는 壬辰倭亂이 끝난 직후로 국토는 극도로 황폐화하고 경제적으로 파탄지경에 이르러 민생이 도탄에 허덕이고 있을 때였다. 그러나 고질인 당쟁은 오히려 왜란 전보다 더 극성스러워 국정은 심하게 어지러웠다. 난을 겪는 동안 나라의 기강은 크게 해이해져 관리와 양반의 가렴주구는 날로 심해져 가고 있었다. 지배층에 빼앗기기만 하고 순종만 강요당해 온 백성들은 난을 겪는 동안 지배층의 무능과 거짓을 낱낱이 보게 되어 그들에 대해 강한 불신과 반감을 가지고 있었다. 당시, 타고난 반항아 許筠도 민중과 같은 심정이었을 것으로 추측된다. 그러한 시대상황과 그러한 심정에서 쓰여진 것이 체제 도전적인 義賊 이야기, 〈洪吉童傳〉이 아닌가 한다.

그런데 이 소설이 순수 허구가 아니라 실제 인물에 얽힌 이야기를 하고 있다는 주장이 있다. 대표적인 사람이 李能雨로 그는 朝鮮《王朝實錄》에서 洪吉同이라는 도적에 관한 기록을 발견하고 〈洪吉童傳〉의 주인공은 바로 그 도적 洪吉同이라고 말했다. 그는 燕山君, 中宗, 宣祖朝의 실록에서 이 도적과 관련된 기록을 찾아내고 있다. 그에 의하면 洪吉同은 燕山君 6년(1500) 11월에 잡은 강도로 그를 刑曹가 아닌 義禁府에서 다룬 것으로 보아 일종의 國事犯에 속하는 중죄인이었다. 그는 租穀 2천석을 강탈해 간 일도 있었다고 하니 보통 도적이 아니었던 것만은 분명한 것 같다. 설사 그렇다 하더라도 〈洪吉童傳〉은 그를 소재로 해서 쓴 허구이니 「傳」이 아닌 소설임에는 틀림이 없다.

[1] 主題 – 嫡庶差別 철폐와 사회악 제거 주장

이 소설의 주인공 洪吉童은 吏曹 洪判書와 계집종 春蟾 사이에서

난 서자로 어릴 때부터 총명하여 나중에 걱정거리가 될 위험이 있다 하여 집안 사람들이 그를 죽여 없애려 한다. 그 형은 자객을 보내어 그를 죽이게 했으나 그는 도술을 부려 도리어 자객을 죽인다. 그리고는 그 아버지에게 서자라 하여 이런 설움과 핍박을 받으면서 살 수 없다면서 작별을 고하고 집을 나와 버린다. 집을 나온 그는 도둑들을 만나 그들의 수괴가 된다. 해인사를 털고 관아를 습격하는 등 그가 온 나라를 헤집고 다니자 나라에서는 右捕將을 보내 그를 토벌하게 하지만 그는 도리어 右捕將을 사로잡아 버린다. 어떤 방법으로도 그를 당해 낼 수 없게 된 왕은 그의 요구에 따라 그에게 兵曹判書의 벼슬을 내린다. 이에 그는 이 나라를 떠나 硉島國으로 가서 그 곳의 왕이 된다는 것이 이 소설의 간추린 줄거리다.

〈洪吉童傳〉의 주제는 주주제와 부주제로 나누어 볼 수 있다. 주주제는 이론의 여지없이 嫡庶라는 사회적 신분 차별의 철폐 주장이다. 이는 이 소설 곳곳의 문면에 그대로 나타나 있다. 嫡庶差別은 朝鮮社會가 안고 있은 모순된 신분 제도를 단적으로 보여 주는 것이다. 朝鮮은 嫡庶差別을 포함하여 신분계급 차별이란 심각한 병적 요소를 안고 있었다. 朝鮮에는 크게 나누면 兩班, 中庶, 常人, 賤人의 4계급, 세분하면 宗親, 國舅, 附馬, 兩班, 中人, 庶孼, 常民, 賤民의 9계급이 있었다. 吉童은 여기서 中庶, 庶孼에 속해 있다. 庶流에 대한 박해는 庶出 鄭道傳이 일으킨 난에 시달린 太宗이 徐達의 상소에 따라 庶子와 庶孫을 中人으로 취급해 일절 관직에 등용하지 못하도록 한 데서 비롯되었다. 그 후 燕山君 때 역시 庶出인 柳子光이 난을 일으키자 이후로 庶流의 사회 진출의 길을 철저하게 막아 버렸다. 宣祖 때에는 왕의 명으로 庶流의 신분상 해방이 선언되었지만 그것은 서류상으로만 그랬을 뿐, 실제에 있어서는 천대가 그 전보다 더 심해졌다.

吉童이 이 소설에서 庶子는 文으로 玉堂, 武로 宣傳에 막힌다고 한 것도 庶出이 어쩌다 벼슬길에 나선다 해도 3品 이상 오를 수 없다는 한계를 말한 것이다. 그러나 실제로는 3品은커녕 과거에 합격해도 아예 임명도 안 되는 경우가 많은 것이 당시의 현실이었다.

吉童의 嫡庶差別의 부당성 주장은 바로 작가 許筠의 목소리로 들어도 될 것이다. 그는 사람이 주어진 분수대로 살며 사회의 신분적 위계질서를 존중해야 한다는 중세적인 가치관을 처음으로 심각하게 거부한 사람으로 알려져 있다. 그것은 庶出이라 하여 뛰어난 학식과 인품을 지녔으면서도 한평생 빛을 보지 못한 그의 스승의 한에서 싹튼 것으로 보이고 있다. 許筠은 그의 문집 《惺所覆瓿藁》에서 여러 차례, 이 嫡庶差別의 모순성을 지적하고 있는데 그 주장이 주제로 형상화된 것이 소설 〈洪吉童傳〉이라고 보면 되지 않을까 한다.

〈洪吉童傳〉의 부주제는 탐관오리 등 사회악을 제거하는 것과 같은 정치, 사회적 쇄신 주장으로 吉童이 朝鮮을 떠나기 이전까지의 대부분의 활약이 이 부주제와 관련을 갖고 있다. 그는 부정한 축재를 한 벼슬아치의 관아를 덮쳐 재물과 軍器를 탈취하고 있는데 咸境監營 습격이 그 예다. 그는 또 탐관오리를 잡아 「先斬後啓」했다고 하여 행악이 심한 경우는 스스로 처단까지 했다고 하고 있다. 이에는 壬辰倭亂 이후 해이해진 官紀를 바로잡고 부패한 관리를 엄하게 다스려 민생을 보살펴야 한다는 작가의 주장이 비쳐 있다고 볼 수 있을 것이다.

吉童은 나아가 官府와 朝廷, 왕까지 희롱하기에 이른다. 右捕將 李洽의 생포와 훈계 방면, 스스로 붙들려 주었다가 다시 자신이 원할 때 거침없이 몸을 빼내감이 그렇고 '假御史' 란 이름으로 왕에게 啓聞을 올리는 것도 그렇다. 그러한 표현을 직접 하고 있지 않아서 그렇지 사실상 왕은 吉童의 힘과 재주 앞에 굴복하고 있다. 나라가 임명한 지방 수령을 죽이고, 왕을 희롱한 자에게 그 장본인의 요구에 따라 判書의 벼슬을 내리는 것 자체가 그렇다. 또 吉童은 南京 땅 堤島로 향하기 전 그 무리에게 배를 모아 정한 일시에 한강에 대어 두면 왕에게 청하여 벼 1천 석을 구해 오겠다고 하고 있다. 그 후 이 벼에 관한 이야기는 나타나지 않지만 문맥으로 보아 그는 언제라도 필요하면 왕으로부터 錢穀을 받아 올 수 있는 것처럼 되어 있다. 표현은 '청(請)'한다 했지만 사실은 강요해 가져올 수 있는 것으로 되어 있는 것이다.

위와 같은 면에서 이 소설에는 작자 許筠의 「豪民論」의 핵심사상이 그 밑바닥에 흐르고 있음을 알 수 있다. 許筠은 그의 글 「豪民論」에서 「천하가 두려워할 바는 오직 백성뿐이다. 백성은 물·불·범·표범보다 두렵기가 더한데, 위에 있는 자가 한창 업신여기며 모질게 부림은 무엇인가.」라고 하고 「불행하게도 견훤·궁예 같은 자가 나와서 몽둥이를 휘두르면 시름하고 원망하던 백성이 가서 따르지 않으리라고 어찌 보증하겠느냐.」고 하고 있다. 그렇게 볼 때 〈洪吉童傳〉은 소설의 양식을 빌려 당시의 朝廷·위정자에게 보낸 경고문의 성격까지 띠고 있다. 許筠은 개혁 없이 부정부패가 만연하고 모순이 여전히 도사린 그대로의 세계가 계속되면 필연적으로 민중의 항거에 부딪히게 될 것임을 우회적으로 말하고 있다고 볼 수 있을 것이다. 그리고 吉童에 의해 왕의 힘의 한계가 금방 드러나게 한 것은 잘못된 정치·사회는 언젠가는 심각한 민중의 도전을 받게 되어 걷잡을 수 없는 사태에 이를 것이라는 경고의 의미를 가지고 있는 상황 설정으로 해석해야 할 것이다.

이 소설의 전반이 사회개혁을 주장한 것이라면 吉童이 朝鮮을 떠난 이후인 후반부는 개혁에 의해 세워야 할 이상세계를 보여 주는 것이다. 일종의 탐색신화의 성격을 띠고 있는 이 후반부는 바로 작가 許筠이 그린 꿈의 세계, 유토피아의 건설 이야기이기도 하다. 유토피아는 현실사회의 否定에서 출발한다. 인간은 현실에 대한 비판과 否定에 의해 현실에 맹목적으로 따르지 않고 능동적으로 참여하게 되며 거기에 낙원추구의 당위성이 있다. 유토피언(utopian)은 몽상가나 感傷家로 보이지만 본질적으로 반항인이다. 그러므로 그는 평등과 자유를 누리고 사회 및 경제적 욕구를 충족하기 위해 현실을 否定하고 이상적 세계를 지향하고 추구한다. 그런 의미에서 볼 때 許筠은 유토피언의 성격을 강하게 보여 준 사람이다. 그가 그린 유토피아는 비현실적인 이미지이면서 그것은 현실에 대한 否定性으로서 현실비판, 현실파괴, 현실변혁 등의 에너지를 내장하고 있다. 그래서 그가 그린 유토피아, 硉島國은 吉童이 그 곳으로 가기 전에 살았던 세계와 몇 가지 면에서 대립구조의 성격을 드러내고 있다. 〈洪吉童傳〉은 吉童이 硉島國 왕이 되어 나라를 다스린 지 3년 만에 「산에 도적이 없었다」고 하고 있다. 그런데 그가 그 전에 살았던 朝鮮에는 도적이 있었다. 바로 그가 도적의 우두머리였고 그가 거느리고 있은 무리가 모두 도적이었던 것이다. 여기에는 그가 두고 떠나온 세계가 도적이 있을 수밖에 없는 곳이었다는 의미가 함축되어 있다. 이 소설은 이어 硉島國에서는 「주인 없는 물건이 땅에 떨어져 있어도 줍는 사람이 없게 되었다」고 하고 있다. 이것은 硉島國이 제 것만으로도 넉넉한, 고르고 풍요한 나라가 되었음을 의미함과 동시에 빼앗고 빼앗기는 일이 있을 수 없는 세계라는 것을 말해 준다. 이는 심한 빈부의 격차가 있었고 탐관오리의 수탈이 있었던, 吉童이 떠나온 세계와 대조를 이루는 것이다. 硉島國에는 또 吉童

이 그 때문에 집을 뛰쳐 나오고 투쟁을 전개해 온 신분상의 차별이 없다. 인물만 잘 나면 吉童과 같은 庶出임에도 일국의 왕이 될 수 있고 공만 세우면 누구나 작위를 얻을 수 있다. 또 朝鮮에서 재상과 인연을 가졌으면서도 끝까지 천비의 신분을 면할 수 없었던 春蟾도 碑島國에서는 大妃가 되고 있다. 이 곳에서는 모든 庶流의 완전한 신분상의 해방이 성취되어 있는 것이다.

碑島國은 공간적으로 멀리 떨어져 있는 곳으로 그려져 있어 朝鮮과 큰 相距가 있는 곳으로 되어 있는데 이것은 현실과의 거리를 뜻하는 것으로 그 거리는 시공적인 의미로도 새길 수 있다. 곧 碑島國은 당시로는 이룩하기가 크게 어렵지만 언젠가 먼 앞날 오고야 말 세계이며 모순을 제거하고 질서를 재편하여 그렇게 만들어야 할 자유·평등·풍요의 세계인 것이다.

[2] 〈洪吉童傳〉의 의의와 영향

이 소설은 여러 측면에서 한국문학사상 기념비적인 고전이다. 최초의 국문학 소설 작품으로 어휘 구사·구성·주제 면에서 단번에 이만한 수준에 이르는 작품을 얻을 수 있었다는 것은 한국문학사의 행운이라 하지 않을 수 없다. 그러나 그것은 이미 많은 학자들의 연구에 의해 구체적으로 거듭 확인된 일이어서 더 이상의 언급이 필요 없을 것 같고, 여기서는 義賊小說로서의 〈洪吉童傳〉이 가지는 몇 가지 의미를 살펴보기로 하겠다.

첫째, 〈洪吉童傳〉은 소설이 민중의 문학장르라 함을 실제로 입증하고 있다는 점에서 큰 의의를 찾을 수 있을 것이다. 李植이 그러했듯 儒家的 한학자들이 지배층의 입장을 대변하여 이 소설을 맹렬하게 비난하고 있지만 민중은 이 작품에서 큰 흥미와 깊은 감명을 받았을 것이다. 그것은 이 소설의 강하고 오랜 생명력이 증명하고 남는다. 이 소설이 민중의 문학이 될 수 있었던 것은 이 작품이 민중의 의식, 자각을 반영하고 있기 때문인 것으로 보아야 할 것이다.

둘째, 〈洪吉童傳〉은 작가의 뛰어난 현실인식력을 보여주는 작품이다. 작가가 吉童의 활동을 義賊化했다는 것은 그가 群盜가 횡행했던 당시 현실을 어떻게 보았는가에 대한 대답이라고 볼 수 있다. 당시는 밖으로 동양사회의 질서가 재편되고 안으로 朝鮮朝의 해체가 시작되던 시기였다. 작가는 당시 사회를 모순이 제거되고 질서가 재편되는 개혁이 필요한 것으로 보고 그러한 인식 위에서 이 소설을 썼다고 보는 것이 옳을 것이기 때문이다.

셋째, 이 소설의 주제에서 우리는 작가의 선각자적 혜안을 발견할 수 있다. 그 하나는 이 소설이 제거해야 한다고 주장한 모순을 끝내 그대로 안고, 재편해야 한다고 주장한 질서를 그대로 유지하여 개혁을 하지 않은 朝鮮은 이 소설의 예언대로 그로부터 3백 년 가까운 세월이 지난 1894년 東學革命이란 민중적 저항을 불렀고 조정으로서도 어쩌지 못한 이 사태는 결국 외국의 개입을 불러 國基가 근본으로부터 흔들리게 되는 계기가 되고 만 것은 우리가 이미 다 아는 일이다.

또 한 가지, 작가는 〈洪吉童傳〉에서 여러 가지 사회적 모순 중에서도 특히 嫡庶差別의 철폐를 큰 목소리로 주장했는데 과거제도를 없애고 새로운 관리임용법을 채용하여 班常·貴賤을 불구하고 인재를 등용케 한 것은 1894년 甲午更張에 와서이고 실제로 우리의 현실 사회에서 차별이 완전히 없어진 것은 그보다도 훨씬 뒤였다고 볼 때 우리 사회가 〈洪吉童傳〉 작가의 주장을 받아들이는 데 3백 년의 세월이 흘러야만 했다는 것을 알 수 있다. 이는 곧 작가의 선각자적 면모를 말해 주는 것이기도 하다. 그런 면에서 볼 때 許筠은 근대정신의 선구자라고 해도 될 것이다.

〈洪吉童傳〉은 여러 가지 의미에서 후대에 큰 영향을 미쳤다. 무엇보다 이 소설은 한국문학에 소설 장르의 문을 열었다는 점에서 그렇다. 그러나 그와 같은 문학사적인 영향은 전문적인 문제라 여기서는 언급을 피하고 우리 사회, 민중에 끼친 그것에 대해 살펴보기로 하겠다. 이 소설이 민중에게 끼친 가장 큰 영향이라면 그들에게 자신의 힘을 스스로 깨닫게 한 것이라 할 것이다. 이 소설은 잘못이 있을 때면 민중은 설사 상대가 왕이라 하더라도 항거할 수 있으며 어떠한 상대도 그들의 힘으로 맞서 싸울 수 있고 또 제압할 수 있다는 자신감, 자각을 일깨워 주었다고 볼 수 있다. 그러니까 멀리는 저 동학농민봉기와 韓末의 義兵·義賊의 활동에서 가깝게는 1960년대의 4·19 학생혁명, 1980년대의 光州민주화투쟁, 6월 항쟁에도 그 저변에는 〈洪吉童傳〉에서 눈뜬 민중의식이 깔려 있었다고 볼 수 있을 것이다. 그러나 그러한 영향은 모두 분명한 사실이기는 하겠지만 누구도 구체적으로 우리 앞에 그것을 증명해 보이기는 어려운 것이다. 왜냐하면 그러한 영향은 살 속에 스며 있고 핏속에 흐르고 있을 뿐 쉬 밖으로 드러나 보이는 것이 아니기 때문이다.

그런데, 〈洪吉童傳〉의 영향이 구체적 사실로 우리 앞에 나타나 있는 경우가 있다. 韓末의 火賊 및 義賊들의 활동에서 그것을 찾아볼 수 있다. 1900년대 벽두 慶尙右道·慶尙左道·京畿道·忠淸道·江原道는 총

검으로 무장한 義賊의 무리가 부자, 큰 사찰, 관청 등을 습격하여 재물을 강탈해 빈민에게 나누어 주는 등 맹위를 떨쳤다. 三南 義賊의 都大將 孟監役은 그들의 무리 이름을 「活貧黨」이라고 하고 이는 〈洪吉童傳〉에 나오는 당명을 계승한 것이라고 공언했다. 그들의 행적은 〈洪吉童傳〉의 주인공의 그것을 그대로 모방하고 있다. 孟監役은 때로 각각 두 세 개의 다른 道에 동시에 출현한 것으로 되어 있는데 이는 그가 그의 부하들로 하여금 곳곳에서 자신의 행세를 하게 한 것으로 보인다. 이것은 소설 속의 洪吉童이 자신의 모습을 한 草人을 만들어 朝鮮八道에 동시에 나타나게 한 것을 본딴 것이라고 보아야 할 것이다. 또 洪吉童은 가난하고 의지할 데 없는 자를 구제했다고 하고 있는데 이들 義賊들도 그러한 活貧行을 했다. 이들이 부자들로부터 강탈한 錢穀을 빈민에게 나누어 준 예는 三南地方 곳곳에서 찾아볼 수 있다. 韓末의 「活貧黨」은 洪吉童이 그러했듯 관아를 습격하고 못된 지방수령을 징치했다. 1903년 18명의 義賊들이 綾州郡 관아를 습격하여 군수를 끌어내 개울에 내던진 것을 비롯해 여러 곳의 지방 관청이 피습당하고 그 수령이 욕을 당했다. 〈洪吉童傳〉에서 吉童은 왕 앞에 나아가 嫡庶差別과 각읍 수령들의 가렴주구 등 사회적 모순을 철폐, 근절할 것을 요구하고 있다. 그런데 韓末의 活貧黨도 朝廷을 상대로 秕政의 시정을 요구하고 있어 주목을 끈다. 이들은 1900년 「大韓士民論說 13條目」을 발표하고 있다. 여기에는 토지 소유 평균화(均田)의 실시, 행상에 대한 가혹한 세금 징수와 惡刑의 금지 등을 주장해 농민과 영세상인의 계급적 입장에서 정치, 사회의 개혁을 요구한 것으로 볼 수 있다.

한 편의 소설이 세상에 나온 수백 년 후 현실세계에서 그 작중인물이 되살아나 작품 속의 사건들을 실제로 행하고 다닌다는 것은 외국에

서도 그 예를 찾기 어려운 것이 아닌가 한다. 그것도 그 인물이 일상에
서 흔히 대할 수 없는 영웅적 義賊으로, 책갈피 속에서 뛰쳐 나와 三南
일대를 누비고 다녔다는 것을 생각하면 소설 〈洪吉童傳〉이 민중에게
미친 영향이 얼마나 컸던가를 짐작할 수 있다.

2. 소포클레스의 〈오이디푸스 王〉

　희곡 〈오이디푸스 王〉을 쓴 소포클레스는 아이스퀼로스, 에우리피데스와 함께 그리스 3대 비극작가의 한 사람이다. 아테네 교외의 부유한 가정에서 태어난 그는 원만한 성격과 뛰어난 재능을 타고나 90평생을 유복하게 보낸 사람이다. 그는 당시 여러 방면에서 활약한 인물로 희곡작가였을 뿐 아니라 시인이었으며 재무관이었고 시칠리아에 원정한 장군이었으며 평의회의 요인이기도 했다. 그러나 행정, 군사, 정치 면에서의 그의 화려한 경력은 2천 5백년의 세월이 흐르는 동안 어둠 속에 묻혀 버리고 그는 오직 희곡 작가로서만 세계인의 입에 오르내리고 있다. 그것만 보아도 문학, 예술이 얼마나 값진 것이며 그 생명이 얼마나 긴가를 알 수 있을 것이다. 그는 28세 때 디오니소스 祭典의 비극 경연에서 거의 동년배의 선배, 아이스퀼로스를 누르고 우승한 이후 일약 아테네의 우상이 되었다.

　소포클레스는 말년에 이르기까지 왕성한 작품 활동을 하여 모두 1백

소포클레스 Sophocles (B.C.496~406) 그리스의 비극시인. 부유한 귀족의 아들로 태어난 그는 정치, 행정, 군사 분야에서도 큰 활약을 했지만 아이스퀼로스, 에우리피데스와 함께 그리스의 3대 비극작가로 특히 유명하다. 그는 많은 희곡 작품을 남겼는데 그 중에서도 〈오이디푸스 王〉과 함께 〈아이아스〉 〈안티고네〉 〈엘렉트라〉 등이 명작으로 꼽히고 있다.

23편의 희곡을 썼는데 그 중 제목과 작품 일부가 전하는 것이 90편, 온전한 작품이 전하는 것이 〈오이디푸스 王〉을 비롯해서 〈아이아스〉〈안티고네〉〈엘렉트라〉 등 7편이다.

기원 전 4백 30년 경에 씌어진 것으로 알려져 있는 〈오이디푸스 王〉은 그의 대표작이자 서양 희곡문학의 한 전형이 되어 있다. 그리스 비극이 거의 예외 없이 그렇듯, 〈오이디푸스 王〉은 그리스의 신화에서 소재를 얻어 쓴 것이다. 신화란 원래 한 공동체사회의 근원적 경험을 이야기로 만든 것이기 때문에 흔히 인간의 존재 자체에 관련되는 깊은 의미를 내포하고 있다. 그리스 극의 경우 그것들이 디오니소스 제전에서 공연된 것이기 때문에 신화와의 관련성이 짙고 그러므로 그것은 인간의 원형적 의미를 탐색하는 성격이 강하다. 그런 점에서 그리스 극은 단순한 이야기 이상의 의미를 지니고 있다.

이제 이 희곡의 소재가 된 신화는 어떤 이야기이며 그것을 작품화한 〈오이디푸스 王〉은 근원이 된 소재와 다른, 어떤 의미를 지니고 있는가를 살펴보기로 하겠다. 그리스 신화에 의하면 테바이 왕 라이오스는 외적에게 나라를 빼앗기고 도망을 다니다가 피사 왕 펠롭스의 신세를 지고 있었다. 라이오스는 그 나라 왕자 크리시포스의 가정교사로 그에게 무예를 가르치고 있었다. 그러던 중 그는 왕자의 뛰어난 풍모에 반해 동성연애를 하자고 했다. 냉정하게 거절을 당한 라이오스는 홧김에 왕자를 죽여 버렸다. 왕자는 숨을 거두기 직전 신의 이름을 걸고 라이오스를 저주했다. 신은 그의 저주를 받아들여 라이오스에게 그가 자신이 낳은 아들의 손에 죽는 등 끔찍한 불행을 겪게 했다. 테바이를 침범했던 적이 죽자 라이오스는 고국으로 돌아가 다시 왕위에 오르게 되었다. 왕은 곧 이오카스테와 결혼을 했는데 자신이 아들의 손에 죽으리

라는 신탁을 들은 바 있는 왕은 그것이 꺼림칙해 아들을 낳지 않으려
고 철저하게 부부생활을 삼갔다. 그러다가 어느 날 술이 취한 바람에
자제를 잃고 왕비의 방에 들어가 이오카스테가 임신을 하게 되었다.
왕은 태어나는 아기가 딸이기를 빌었으나 낳고 보니 불행하게도 아들
이었다. 왕은 신탁의 저주를 면하려고 못으로 아기의 두 발을 꿰어 끈
으로 묶어 키타이온산 기슭에 버리게 했다. 그 아기가 오이디푸스다.
얼마 후 마침 그 곳을 지나던 한 목동이 발이 묶여 통통 부은 채 울고
있는 그 아기를 발견했다. Oedipus란 이름은 '부었다' 는 뜻의 그리스
어, oidein과 '발' 이란 뜻의 pod의 합성어다. 목동은 아기가 귀골인
것을 보고 그 아기를 아들이 없어 애를 태우고 있던 자기 나라 코린토
스의 왕에게 바쳤다. 성년이 된 오이디푸스는 신탁을 받아보고 자신에
게 아버지를 죽이고 어머니를 아내로 삼는 끔찍스런 저주가 기다리고
있음을 알았다. 코린토스 왕 내외가 친부모인 줄로만 안 오이디푸스는
그와 같은 저주를 피하려고 코린토스를 떠나 버렸다. 보이오티아란 지
방의 한 좁은 길을 지나가던 그는 맞은 편에서 마차를 타고 오던 한 노
인과 마주치게 되었다. 서로 길을 비키지 않으려고 다투던 중 화가 난
오이디푸스가 노인을 몽둥이로 때려 죽게 하고 말았다. 그런데 그 노
인이 바로 오이디푸스의 아버지, 라이오스 왕이었다. 그 후 오이디푸
스는 테바이 교외에 이르렀는데 그 곳에 스핑크스라는 괴물이 나타나
행패를 부리고 있었다. 괴물은 길목을 막아서서 지나가는 사람에게 수
수께끼를 내 그것을 풀지 못하면 그 사람을 잡아먹었다. 희생이 자꾸
늘어나자 라이오스를 이어 왕이 되어 있던 크레온은 그 괴물을 퇴치해
주는 사람에게 자신의 왕위를 물려 주고 전왕의 비를 아내로 주겠다는
포고를 내려놓고 있었다. 오이디푸스가 스핑크스에게 도전했다. 스핑

크스는 아침에는 네 발, 낮에는 두 발, 저녁에는 세 발로 걷는 짐승이 무엇이냐는 질문을 했는데 오이디푸스는 그것은 인간이다, 인간은 아기 때는 기고 자라서는 두 발로 걷고 늙어서는 지팡이를 짚고 다닌다고 답했다. 이에 스핑크스는 자신의 패배를 시인하고 스스로 바다에 뛰어들어 죽어 버렸다. 이리하여 오이디푸스는 테바이의 왕이 되고 전왕의 비를 아내로 맞게 되었다. 이로써 그 어머니를 아내로 맞으리라고 한 신탁마저 그대로 되어버린 것이다. 오이디푸스의 비극은 거기서 끝나지 않았다. 어느 해, 테바이에 흉년이 계속 되고 역질이 창궐하고 여자들은 死産을 하는 등 재앙이 끊이지 않게 되었다. 그 원인을 알아보기 위해 사람을 시켜 신탁을 받아오게 했더니 신이 '이 나라에 아버지를 죽이고 어머니를 아내로 취한 대역무도한 자가 있기 때문에 그러니 그를 찾아 징벌하지 않으면 안 된다' 고 하더라고 했다. 오이디푸스는 나라의 평안을 위해 그 범인을 찾기로 했는데 결국은 자신이 범인이라는 것을 알게 되었다. 이에 그 어머니이자 아내, 이오카스테는 목을 매 자살을 하고 오이디푸스는 자기 손으로 두 눈을 찔러 장님이 되어 천하를 떠돌게 되었다.

이상이 오이디푸스 왕 신화의 간추린 이야기이다. 여기서는 여느 신화에서 볼 수 있는 것 이상의 특별한 미학적인 면이나 의미는 발견할 수 없다. 소포클레스는 위의 이야기를 재료로 하여 세계, 인생의 진실을 탐구하는 한 편의 희곡 작품을 썼는데 그것이 〈오이디푸스 王〉이다. 이 작품은 흔히, 대학 강단에서 서사문학에 있어서 스토리와 플롯이 어떻게 다른가를 설명할 때 그 예가 된다. 아리스토텔레스가 플롯을 '因果律' 이라고 정의한 이후 문예학자들은 스토리를, 시간 순서대로 배열한 사건의 서술, 플롯을 사건의 서술이되 인과관계에 역점을 두고 있는 것이라고 설명하고 있다. 〈오이디푸스 王〉은 이를 설명하는 데 안성맞춤의 작품이다. 소포클레스는 위의 신화에서 라이오스의 살인에서부터 오이디푸스가 왕이 되기까지의 이야기를 거두절미하고 대뜸, 오이디푸스 왕이 다스리고 있는 테바이에 곡식이 열매를 맺지 않고 풀이 자라지 않아 가축이 죽어 가고 여자들은 사산을 하고 역질이 창궐하게 되었다는 데서 시작한다.

이 희곡은 테바이가 무엇 때문에 황폐, 불모, 죽음의 땅이 되어 가고 있는가 하는 원인을 찾아가는 것이다. 그런 점에서 이 작품은 미스터리 서사물과 같은 구성을 하고 있다. 그런데 독자는 그와 같은, 이 희곡의 원인 추적에서 아이러니를 발견하게 된다. 아이러니(irony)란 그리스어 'eiron(시치미떼는 사람)' 에서 온 말로 우리말로 번역하자면 '反語' 라고 할 수 있다. 곧 화자가 의도하는 바와 반대로 말하는 수사기법이다. 아이러니는 대략 5가지가 있다. 첫째는 惡談 아이러니(invective irony)로 상대에게 호의와 애정을 표하려 하면서 헐뜯거나 비난하는 말을 하는 것이다. 우리가 반가운 친구를 만났을 때, "야, 이 문둥아!" 한다든지 귀여운 아이를 보고 "아이구, 미워라!"라고 하는 것이 그것이다. 다음으로 위와 반대의 경우인 비꼼 아이러니(sarcasm irony)가 있다. 이는 헐뜯거나 나무라기 위해서 표면상으로는 칭찬하는 말을 하는 것으로 잘못을 저지른 애를 보고 "잘했다."고 하는 말 같은 것이다. 세 번째로 소크라테스적 아이러니(socratic irony)가 있다. 이는 화자가 자신의 무지를 가장하여 상대로 하여금 자신의 무지를 깨닫게 하는, 말하자면 "제가 뭘 압니까."라고 하는 경우 같은 것이다. 네 번째는 우주적(숙명의) 아이러니(cosmic irony)다. 이는 신이나 우주가 등장인물로 하여금 헛된 희망을 가지게 하고는 좌절하게 하거나 조롱하는 경우다. 토마스 하디의 소설 〈테스〉의 주인공에게서 그와 같은 아이러니를 볼 수 있다. 그녀는 티없이 곱게 살려 했으나 순결을 잃게 되고 선량하게 살려 했으나 살인을 저지르게 되고 만다. 마지막의 것이 극적 아이러니(dramatic irony)인데 이는 작중 인물이 실제 상황에 부적절하게 처신하거나 숙명적으로 결정되어 있는 것을 정반대 또는 전혀 다르게 예상하고 행동하는 아이러니다.

〈오이디푸스 王〉은 위의 다섯 가지 아이러니 중 마지막의, 극적 아이러니에 해당한다. 이 희곡에 있어서의 아이러니는 몇 겹이 중첩되어 있다.

첫째, 주인공이 신탁을 받아 본 것부터가 아이러니다. 성년이 된 그는 자신의 장래가 어떤 것인지 궁금하여 신탁을 받아 보고 있는데 만약 그러지 않았다면 그러한 비극을 맞지 않았을 것이기 때문이다. 다시 말하자면 그는 신탁을 들었기 때문에 비극을 자초하고 있는 것이다. 곧 코린토스 왕 내외가 자신의 친부모인 줄 안 오이디푸스는 신탁이 말해 준 그와 같은 불행을 피하기 위해서 그 나라를 떠나고 있는데 결과적으로 그것이 스스로 자신을 비극으로 몰아넣게 된 것이다. 여기서도 우리는 이 희곡이 인간의 운명은 이미 정해져 있는 것이므로 아무리 발버둥쳐도 거기서 헤어날 수 없다는 定命論을 보여 주고 있다는 것을 알 수 있다.

다음으로 주인공이 자기 아닌 범인을 찾으려다가 자기가 범인임을 입증하고 있는 것도 아이러니다. 이 희곡의 첫 장면에서 한 제관이 시민들을 이끌고 왕궁으로 찾아와 오이디푸스 왕에게 다음과 같이 호소한다.

제관 왕께서도 친히 아실 수 있겠지만, 이 나라는 지금 위태롭게 흔들리고 있는 배의 형국과 같습니다. 이미 스스로 바로잡아 죽음의 물결에서 헤어날 수 있는 능력을 상실하고 말았습니다. 테바이는 지금 죽어가고 있습니다. 땅에 나는 곡식은 열매를 맺지 못하고 풀을 뜯는 가축떼들은 들판에서 죽어 가며 이 나라의 부인네들은 사산의 산고를 치르고 있습니다. 열병의 신이 우리들에게 달려들어서 무서운 염병은 온 나라를 덮치고 테바이의 모든 집들을 폐허로 만들고 있습니다. 그리해서 죽음의 신은 탄식과 고통으로 살찌고 있습니다.

사실은, 나라에 재앙을 불러온 그 사람(오이디푸스 왕)을 '신과 같은 존재' 라고 믿고 그에게 이를 물리쳐 달라고 하고 있는 이, 첫 장면부터가 아이러니라 할 수 있다. 더욱 제관이 그에 이어 왕을 '만백성이 의지해마지않는 권능', '드높은 명성' 을 가진 '구세주' 라고 부르고 있는 데서는 어떤 희극성마저 느낄 수 있다.

오이디푸스 왕은 제관과 백성들이 몰려와 호소하기 전에 이미 처남 크레온을 아폴론 신전으로 보내 나라와 백성을 구할 신탁을 받아오게 해 놓고 있었다. 신전을 다녀온 크레온은 신이, 이 땅에 전왕 라이오스를 죽인 살인자가 있는데 그를 몰아내지 않고 보호하고 있기 때문에 그 대가로 재앙을 받고 있다고 하더라고 말한다. 이에 왕은 나라와 백성을 구하기 위해 다음과 같이 포고령을 내린다.

오이디푸스 … 前略 … 이제 나는 그대들에게 포고를 내리겠소. 이 일과는 하등의 관계가 없고 이 살인과도 아무 연관이 없는 한 사람으로서 말하고자 하는 것이오. 만약에 내가 그 당시 여기 있었다 하더라도 어떤 단서가 없이는 철저히 수사할 수가 없었을 것이오. 그런데 나는 이 일이 발생하고 난 뒤에야 여러분과 더불어 테바이의 시민이 되었던 것이오. 그래 이제 나는 여러분 테바이의 시민들에게 다음과 같은 포고를 내리겠소. 그대들 중에 누구든 랍다코스의 아들 라이오스 왕이 누구의 손에 시해되었는지 안다면 모든 사실을 하나도 남기지 말고 내게 고할 것을 명하오.

자기 죄가 무서워 공개적으로 말하기가 두렵다 해도 이건 국왕의 명령이니 싫어도 고하시오. 그래서 극형을 면하시오. 그는 다만 유형에 처해질 뿐 다른 어떤 불쾌한 형벌도 받지 않을 것이오. 그는 아무 해도 입지 않고 테바이를 떠날 수 있을 것이오.

여기서 오이디푸스가 자신은 살인과 하등 관계가 없는 사람이라고 하고 자신은 그 일이 일어나고 난 뒤에야 테바이에 온 사람이라고 하고 있는 것은 그가 세계를, 진상을 전혀 반대로 알고 있음을 보여 준다. 더구나 죄를 지은 사람은 두려워하지 말고 실토하라고 하고 있는 말은 자기가 자기에게 하고 있는 셈이라 아이러니컬하다.

또 오이디푸스는 자신이 범인이 아니라는 것을 밝혀 내려다 반대로 자신이 범인임을 스스로 입증하고 있다. 오이디푸스는 범인이 누구인가를 알기 위해 모든 것에 통달하고 있는 '신의 성스러운 예언자' 테이레시아스를 불러온다. 왕 앞에 불려 나온 테이레시아스는 그와 왕에게 동시에 고통을 주지 않기 위해 자신의 비밀, 왕의 비밀을 말하지 않겠다고 하고 제발 자신을 집으로 돌아가게 해달라고 간청한다. 그러자 왕은 테이레시아스에게 모든 사실을 알고 있으면서 기어이 말하지 않겠다면 바로 네가 범인이 아니냐고 다그친다. 이에 테이레시아스는 하는 수 없이 다음과 같이 진상을 털어놓는다.

테이레시아스 정 그렇게 말씀하시겠습니까? 그렇다면 나는 당신에게 요구하겠습니다. 당신은 당신 입으로 말한 그 포고의 모든 조항을 스스로 이행하십시오. 이제부터 나에게나 이 사람들 누구에게도 감히 말을 걸 생각을 마십시오. 당신이 바로 그 살인자이며 당신이야말로 바로 이 나라의 부정입니다.

이제 이 희곡의 독자, 이 극의 관객은 누구나 라이오스 왕을 죽인 사람이 오이디푸스 왕이라는 것을 알게 된다. 오직 한 사람, 오이디푸스 왕만이 자신이 범인이 아니라고 생각하고 있다. 이것이 이 극의 희극적 비극성이라고 할 수 있다. 장님인 테이레시아스가 살인을 저지를 수 없다는 것을 잘 알고 있는 오이디푸스는 이번에는 외삼촌이자 처남인 크레온을 의심한다. 왕은 그가 자신의 왕위를 빼앗기 위해 테이레시아스를 부추긴 것이라고 생각한다. 자신이 절대로 전왕을 죽였을 수 없다고 확신하고 있는 오이디푸스는 끝까지 범인을 찾으려는 노력을 계속하고 결국은 이 희곡의 후반에서 자기가 범인임을 밝혀내고 만다.

또 하나의 아이러니는 앞을 못 보는 장님(테이레시아스)은 진상을 알고 있는데 멀쩡한 두 눈을 가진 오이디푸스는 그것을 못 본다는 사실이다. 테이레시아스는 왕의 강요에 못 이겨 진실을 말해 주었으나 왕은 그것을 크레온의 사주로 자신의 왕위를 뺏으려고 한 거짓말이라고 생각하고 그를 예언자도, 아무 것도 아닌 사기꾼이요 추악한 모사라고 매도한다. 테이레시아스는 왕 앞에서 쫓겨나면서 과거와 현재, 미래까지를 불을 보듯이 환하게 보고 왕에게 그것을 말해 준다.

테이레시아스 가긴 갑니다. 그러나 먼저 내가 여기 와서 하려던 말을 해야겠소이다. 나는 당신은 조금도 무섭지 않소. 당신은 나를 파멸시킬 수 없으니까. 자, 내 말을 잘 들어 두시오. 당신이 그런 위협적인 포고까지 하면서 찾아내려고 하는 사람, 라이오스 왕의 시해자, 그 사람은 바로 이 곳 테바이에 있소. 그는 겉으로는 외국 태생의 이민이지만 사실은 테바이 본토 태생임이 드러날 것이오. 그는 그 사실이 밝혀지는 것을 반가워하지 않을 거요. 그는 볼 수 있던 눈이 장님이 되고 부유한 신세가 거렁뱅이가 되어 지팡이로 길을 더듬으며 낯선 땅을 방황하게 될 것이오. 그는 지금 그와 함께 살고 있는 자식들의 형제이자 아버지임이 드러날 것이고, 그를 낳아 준 여자의 아들이며 남편임이 밝혀질 것이며, 자기 아버지의 살인자이며 아버지와 잠자리를 공유한 자임이 입증될 것이오. 가서 이 말을 곰곰이 생각해 보시오. 그러고 나서도 내 말이 잘못되었거든 그 때 내 예언이 신통치 못하다고 말씀하시오.

위와 같이 손에 쥐어 주듯 진실을 말해 주었음에도 오이디푸스는 여전히 눈뜬 장님이다. 그러다 결국 코린토스의 사자가 나타나, 오이디푸스는 자기 나라 왕의 아들이 아니라는 것을 말하고 이어 그를 주워 그 나라 왕에게 바친 양치기가 나타나 모든 사실을 털어놓음으로써 진상이 드러나게 된다. 그제야 오이디푸스는 비로소 진실에 눈뜨게 된다. 이에 그는 자신이 눈을 뜨고 있었으나 진실, 진상에는 청맹과니였다는 것을 안다. 그래서 그는 다음과 같이 비탄한다.

오이디푸스 신이여! 이제 모든 것이 사실이 되었구나. 빛이여, 이것이 그대를 보는 마지막이 되게 해다오. 내 정체는 드디어 밝혀졌다. 수치스럽게 태어났고, 수치스럽게 혼인을 했으며, 인륜에 어긋난 살인을 한 자였다.

눈앞의 진상을 보고 있으면서도 보지 못한 것을 안 그는 "너희는 이제 내가 겪었고 내가 저질렀던 무서운 일들을 보지 않을 것이다. 이제부터 너희는 영원히 암흑이 되라. 보아서는 안 될 사람들을 보았고, 알고 싶어 갈망하던 사람들은 알아 보지 못한 너희 눈들아!"라고 외치고는 자기의 두 눈을 찔러 장님이 되고 있다.

그리고 오이디푸스가 인간이란 무엇이냐 하는 수수께끼를 풀었으면서 자신이 누구인지는 몰랐다는 것도 아이러니다. 그는 아무도 풀지 못한, 스핑크스의 수수께끼에 목숨을 걸고 도전해 이를 풀었다. 그러나 테바이에 재난을 몰고 온 범인이 누구냐 하는 문제에서 그것이 자기 자신이라는 답은 몰랐던 것이다. 범인이 왕 자신이라고 하는 테이레시아스를 향해 오이디푸스가 "네가 하는 말은 모두 똑같이 수수께끼 같고 모호하구나."라고 했을 때 테이레시아스가 "당신이야 수수께끼를 푸는 데는 살아 있는 자 가운데 제일 가는 사람 아니시오?"라고 한 것은 그것을 조소하는 말이라 할 수 있다.

이 희곡에서 마지막으로 찾을 수 있는 아이러니는 주인공이 한 나라와, 그 나라의 백성은 위험과 고통에서 구했으면서도 자신은 구할 수 없었다는 것이다. 스핑크스의 수수께끼를 풀지 못했을 때 테바이는 죽음의 땅이었다. 그 때 수수께끼를 풀어 스핑크스를 퇴치하고 테바이를 다시 평화와 풍요의 나라로 만든 것은 오이디푸스였다. 그러나 그런 그가 운명적 불행에서 자신을 구하지 못하고 스스로 불구가 되어 모든 것을 잃고 천하를 떠도는 파멸을 맞고 있는 것이다. 이상에서 우리는 이 희곡이 한 편의 전형적인 극적 아이러니, 그 중에서도 비극적 아이러니의 작품이라 함을 살펴보았다.

마지막으로 생각해 보아야 할 문제는 이 희곡이 우리에게 말해 주고 있는 중심사상이 무엇이냐 하는 것이다. 한 마디로 〈오이디푸스 王〉은 우리에게 생의 의미를 말해 주고 있다고 할 것이다. 그것은, 인간은 해결이 불가능한 수수께끼요 인간 존재의 근원적 의미는 그것이 불가해한 것이라는 것이다. 그리고 그것은 곧 그리스인들의 정신적 밑바탕을 이루고 있은 세계관, 인생관을 보여 주는 것이다.

3. 윌리엄 셰익스피어의 〈햄릿〉

　윌리엄 셰익스피어는 영국의 극작가로 영국인들이, 지난 날 황금의 식민지 인도와도 바꾸지 않겠다고 했을 만큼 자랑하는 세계적인 대문호다. 20대에 극장 고용인으로 취직한 그는 한동안 관객이 타고 온 말을 지키는 일을 맡았는데 어쨌든 그 극장이 인연이 되어 배우로 무대에 오르기도 하고 그 후 한 극단의 전속작가가 되었다. 그리하여 그는 50여 세의 일생 동안 36편의 희곡을 썼다. 그가 1596년에 쓴 희곡 〈햄릿〉은 〈리어왕〉 〈오델로〉 〈멕베드〉와 함께 그의 4대 비극 중 하나로, 단일 작품으로는 가장 널리 알려진 것이다. 흔히 그의 대표작으로 불리기도 하는 이 작품은 사실은 그의 순수 창작이 아니다.

　세계적인 명작에는 그 작가의 창작 아닌, 전래의 설화를 소재로 한 작품이 많다. 괴테의 〈파우스트〉가 그 전형적인 예가 될 것이다. 〈파우스트〉는, 마법사 메피스토가 악마에게 영혼을 팔아 향락에 빠졌다가 구원을 받는다는 줄거리의, 중세 독일에 널리 퍼져 있던 전설이 모태가 되었다. 괴테는 어린 시절 그 인형극을 보고 거기서 영향을 받아 훗날 같은 이름의, 그 불후의 대작을 썼다고 한다.

윌리엄 셰익스피어 William Shakespeare (1564~1616) 영국의 시인, 극작가. 20대에 말을 지키는 고용원으로 극장과 인연을 맺은 그는 배우로 출연하는 한편 극본을 손보는 일을 하다가 극단 전속작가가 되었다. 극작에 자신감을 얻은 그는 곧 독립하여 전업 희곡작가가 되었다. 희곡 36편 외에 3권의 시집을 남기고 있다.

　〈햄릿〉도 세익스피어가, 12세기 덴마크인 삭소가 쓴 「덴마크史」에 나오는, 스칸디나비아 지방에 널리 유포되어 있던 전설을 희곡으로 쓴 것이다. 엘리자베스 여왕 당대에는 복수극이 유행했는데 이 극 역시 복수극이었는데다 유령, 거짓 미친 짓, 劇中劇 등이 흥미를 끌어 당시 관객들로부터 큰 인기를 얻었다 한다.

　덴마크의 왕자, 햄릿의 친구들은 그들 앞에 前王의 유령이 나타나자 이를 햄릿에게 알린다. 햄릿 앞에 나타난 부왕의 유령은 자신이 동생, 크로디어스 왕에게 살해당했다고 말하고 복수를 해 달라고 한다. 왕자는 일부러 미친 척 해 가지고 그 아버지가 삼촌에 의해 살해를 당한 것이 사실인지를 확인하려 한다. 그는 비엔나에서 있었던, 조카가 영주를 독살하고 왕비를 농락한 실제 사건을 극화하여 왕 앞에서 공연한다. 왕이 안색이 크게 변해 도망치듯 자리를 뜨는 것을 본 햄릿은 삼촌의 범행을 확신한다. 복수를 결심한 왕자는 마침 왕이 혼자 기도하고 있는 것을 보고 그를 죽이려 하다 주저 끝에 기회를 놓치고 만다. 왕자는 자기와 어머니 거트루드의 이야기를 엿듣는 간신, 애인 오필리어의 아버지 플로니어스를 죽인다. 오필리어는 그에 충격을 받고 물에 빠져 죽는다. 왕은 햄릿이 극중 극을 연출하는 등 치밀한 행동을 하는 것을 보고 그가 미친 것이 아니라는 것을 알고 왕자의 친구들을 매수해 햄릿을 죽이려 한다. 햄릿은 기지와 용기로 배신자들을 죽이고 위기를 벗어나 왕 앞에 나타난다. 왕은 오필리어의 오빠, 레어티즈로 하여금 햄릿과 복수의 검술 시합을 하게 한다. 왕은 레어티즈의 칼에 독을 묻혀 두고 햄릿이 물을 찾으면 마시게 하려고 毒酒를 준비해 둔다. 칼싸움에서 햄릿이 우세하자 왕비가 감격해 물을 마신다는 것이 왕이 준비해 둔 독주를 마시게 되어 죽고 만다. 레어티즈의 독검에 상처를 입은 햄릿은 사력을 다해 상대를 찌른다. 치명상을 입은 레어티즈는 죽음 직전 왕의 음모를 털어놓는다. 이에 왕자는 왕을 죽이고 그도 최후를 맞는다. 햄릿은 죽음에 앞서 왕권을 노르웨이의 용감한 왕자 포틴브라스에게 주라는 유언을 남긴다.

〈햄릿〉을 이야기할 때 흔히 거론되는 것이 이 극의 비극성이다. 비극에서는 그러한 비극을 불러온 원인이 무엇인가가 문제가 되는데 이는 흔히 '비극적 결함(tragic flaw)'이라고 불린다. 〈오이디푸스 王〉에서 보았듯이 그리스 극에서는 대체로 그 비극적 결함이 운명으로 되어 있다. 오이디푸스 왕이 자기 손으로 생부를 죽이고 생모와 결혼을 하게 된 것, 그리하여 스스로 장님이 되어 천하를 떠돌게 되고 어머니이자 아내인 이오카스테는 수치심과 절망감을 이기지 못해 자살을 하게 되는 것은 어느 누구의 잘못 때문도 아니었다. 그것은 신탁이 말한 그대로 그들의 운명이 그렇게 되도록 미리 정해져 있었기 때문이었다.

그런데 〈햄릿〉에서의 그것은 그리스 극에서와는 다른 것이다. 이 극에서의 비극적 결함은 주인공, 햄릿의 성격이다. 햄릿은 그 아버지를 죽이고 왕위를 도둑질해 간 삼촌 크로디어스왕을 죽일 기회가 있었는데도 이를 결행하지 못한 때문에 자신은 물론 그가 지극히 사랑한 오필리어를 비롯해서 8명이 목숨을 잃는 비극을 자초하고 있다.

그는 르네상스 시대의 이상적 인간형이다. 이에 대해 오필리어는 그가 '고결한 분, 귀족적인 눈, 군인다운 기상, 학자다운 말씨'를 가진 '나라의 희망이요 꽃, 유행의 거울, 예절의 모범, 만인의 찬양의 대상'이라고 하고 있다. 말하자면 그는 전형적인 한 사람의 '전인적(全人的) 인간'이다. 그런데도 그는 치명적인 결함을 가지고 있었으니 그것은 지나치게 많은 생각만 하고 행동은 주저, 지연하는 것이었다. 그 성격적 결함이 비극을 불러온 것이다.

　여기서 비평가들의 주목의 대상이 되는 것은 무엇 때문에 햄릿이 행동을 주저하고 복수를 지연하고 있는가 하는 것이다. 이 극 초반에서부터 햄릿은 다음과 같이 복수를 할 것인가, 말 것인가로 갈등에 휩싸여 있다.

　둔하고 게으른 얼간이. 얼빠진 쑥맥, 얼간이. 복수심에 불타지도 못하고, 말문을 열지도 못하는 바보인 내가 아닌가. 왕관을 빼앗기고, 왕비를 빼앗기고, 귀중한 생명까지도 빼앗기신 부왕을 위해서 나는 무엇을 하고 있단 말이냐? 나는 겁장인가? …中略…

　비둘기처럼 순하고 허약한 나는 그의 학대에 분격할 만한 용기가 없어. 용기가 있었으면, 벌써 저 악한을 시체로 만들어, 하늘을 도는 소리개떼에게 먹이로 주었을 것이다. 피비린내 나는 음탕한 악한-잔인무도한 호색한. 천하의 대악당놈! 아아, 복수다! 나는 바보천치로구나. 이보다 더 장한 일이 있을까. 사랑하는 아버지를 참살당한 이 아들이, 천상으로부터 지옥으로부터 원한을 풀라는 독촉을 받으면서도, 창부처럼 혀끝으로만 생각을 늘어 놓고, 저주를 말로만 늘어 놓고 있으니.

　그러나 그것은 납득이 가는 것이다. 주인공은 그 아버지의 유령으로부터 크로디어스 왕의 범행에 대한 것을 들었지만 그 유령이 혹시 악마였는지도 모른다는 의혹에 휩싸여 있었기 때문이다. 그는, 악마는 어떤 차림을 하고도 사람 앞에 나타날 수 있을 것인데 혹시 악마가 아버지의 모습을 하고 나타나 '허약해지고 울적해진' 자신의 약점을 틈타 자신을 지옥으로 떨어뜨리려 한 것인지 알 수 없다는 생각에 복수를 할 것인가, 않을 것인가로 갈등을 한 것이다.

그런데 문제는 비엔나 영주 독살 연극의 공연으로 크로디어스 왕의 범행이 틀림없는 사실이라는 것을 확인하고 나서의, 그의 복수의 지연이다. 그는 왕이 아무런 경호도 받지 않은 채 혼자서 기도를 하고 있는 것을 보고도 그를 죽이지 않는다. 햄릿은 그 이유를 다음과 같이 말하고 있다.

하려면 지금이다. 한참 기도중이구나. 해치우자. (칼을 뺀다) 지금 죽으면 천당에 가겠지. 나는 복수를 하게 되고. 그러나 곰곰이 생각해 보자. 악당이 아버지를 살해한다. 그래서 외아들인 내가 악당을 살인의 대가로 천당으로 보낸다? 이건 그 악한에게 봉사하는 격이 되잖나. 그렇게 되면 복수라고 할 수 없지. …中略…

그 악당이 스스로의 영혼을 깨끗하게 씻으며 죽음을 준비하고 있을 때, 그를 죽이는 일은 복수가 아니다. 어림도 없는 소리. (칼을 칼집에 넣는다) 칼이여, 제자리에 가 있거라. 숨을 죽이고 기다리고 있거라. 그 악당이 술에 곯아떨어진다든가, 노여움을 터뜨린다든가, 음탕한 정욕을 불태운다든가, 도박을 하거나, 저주를 퍼붓고 있을 때, 혹은 그 밖에 무엇이든 구제될 수 없는 어떤 행위에 흠뻑 빠져 있을 때, 한칼로 찔러 놈의 뒷발이 하늘을 차고 지옥에 떨어지도록 복수를 해야 한다. 그 때 그의 영혼은 지옥의 저주를 받을 것이다. 그 때 그의 영혼은 지옥처럼 암담해질 것이다.

그러나 그와 같은 이유는 누가 들어도 핑계라는 것을 알 수 있다. 여기서 행동의 주저, 복수지연의 진정한 원인은 무엇인가가 가장 핵심적인 문제로 떠오르고 많은 비평가들이 매달리고 있는 것도 바로 이 점이다. 여기에는 상당히 많은 분석과 진단이 나와 있다. 그 중 가장 널리 알려져 있는 학설은 다음과 같은 몇 가지이다.

코울리지는 그것을 햄릿의 우유부단한 성격 탓이라고 했다. 곧 그는 과잉한 반성, 지성을 가져 많은 생각을 하고 독백을 하면서도 실제 행동은 보여 주지 못하고 있다는 것이다. 이 학설은 비교적 많은 연구자들의 수긍을 얻고 있지만 한 편으로 그렇게 보는 것은 지나치게 단순한 일면적 해석이라는 비판도 받고 있다.

브레들리는 이를 약간 다른 측면에서 보고 있다. 그는 햄릿이 병리학적인 우울증을 가지고 있었으며 그것이 결함이 되어 그와 같은 비극을 초래했다고 진단하고 있다. 그는 그가 우울증에 빠지게 된 것은 주로 세 가지 원인에 의해서라고 했다. 첫째는 그 아버지의 갑작스런 죽음에 심한 충격을 받았기 때문이라고 했다. 아버지의 급사, 그리고 삼촌의 왕위 계승 등은 아직 젊은 나이의 주인공에게 충격을 주어 우울증에 빠지게 할 수 있는 것이니 이는 납득할 만한 견해라고 해야 할 것이다. 둘째 원인으로는 햄릿의 친구들이 왕의 사주를 받아 자신을 배신하고 왕의 하수인이 되어 자신을 죽이려 한 사실을 들고 있다. 이 또한 납득이 가는 말이라 할 수 있다. 브레들리는 세 번째 원인으로 왕자의 애인 오필리어가 그녀의 아버지, 간신 플로니어스의 회유로 미인계에 동원되었다는 사실을 들었다. 플로니어스는 딸 오필리어로 하여금 햄릿과 더 이상 가까이하지 말라고 하고 그가 정말 미친 것인지를 확인하라고 명한다. 순진한 오필리어는 아버지의 말을 거역하지 못하고 햄릿이 그녀에게 보내왔던 연서들을 되돌려 주면서 왕자를 만나본 다음 그 아버지에게 왕자가 정상적인 정신상태가 아니더라고 알려 준다. 이를 안 햄릿은 플로니어스를 fishmonger(생선장수라는 말인데 이는 포주, 뚜쟁이란 의미의 baud의 隱語다.)라고 하고 오필리어에게 nunnery(수녀원이라는 말인데 이에는 매음굴이라는 의미도 있다.)에 나 가라고 한다. 브레들리는, 그러니까 위와 같은 세 가지 이유로 햄릿은 세상, 인간에 대한 환멸을 느껴 그것이 우울증에 이어졌다고 했다. 이 학설에도 비판이 따르고 있다. 햄릿에게서는 그와 같은 우울의 증세가 보이는 것은 사실이지만 그는 한편으로 지력(知力), 행동력도 보여주고 있기 때문이다. 유령이 그에게 자신을 따라오라고 했을 때 그의 친구들은 위험하다고 만류하지만 그는 그 말을 듣지 않고 단신 유령을 따라가고 있다. 또 치밀한 계산 아래 연극을 연출하여 왕의 범행을 밝혀내고 있고, 자신을 죽이려 한 배신자들을 처단하고 있다. 여기서 우리는 햄릿의, 지모와 용기, 결단력을 겸비한 인물의 면모를 엿볼 수 있는 것이다.

I. A. 리처즈는 주저, 지연의 이유를 햄릿이 복수를 개념적으로 계획하고 상상에서 행하고 있기 때문이라고 했다. 곧 햄릿은 왕과 왕비에게 그들이 저지른 범행과 유사한 사건의 연극을 보여줌으로써 그들에게 정신적으로 복수를 하고 있는데 거기서 얻은 승리감이 왕을 죽이려는 충동을 해소시켜 행동에의 박차를 잃게 되었다는 것이다.

마지막으로, 가장 이색적이고 흥미로운 진단은 어네스트 존즈란 한 정신분석학자의 그것이다. 아마추어 문학평론가인 그는 그 원인을 오이디푸스 콤플렉스 이론으로 찾고 있다. 햄릿은 무의식의 세계에서 그의 어머니를 어머니 아닌 한 사람의 이성으로 사랑한, 강한 오이디푸스 콤플렉스를 가지고 있었는데 그 때문에 그는 복수를 주저, 지연하고 있다는 것이다. 어네스트 존즈는 그런 면에서 햄릿이, 그 어머니가 삼촌 크로디어스 왕과 재혼한 데 대해 지나치게 혐오와 분노를 보이고 있다는 데 주목해야 한다고 말했다.

　어머님은 언제나 부왕에게 기대고 매달려 있었다. 사랑하면 할수록 애정이 깊어지는 듯. 그러나 한 달 새에-생각하기도 싫다-변심은 여인의 이름이던가. 한 달도 되기 전에, 가련한 아버님 유해를 따라 니오베의 여신처럼 온통 눈물에 젖어 장지로 가던 구두빛이 퇴색하기도 전에, 아 그 분이, 그 어머님이-오 신이여, 이성이 없는 짐승일망정 더 오래 슬퍼했으련만-숙부와 결혼하다니. 부왕의 동생이지만, 내가 헤라클레스와 닮지 않은 것 이상으로 부왕을 조금도 닮지 않은 그와, 한 달 새에 마음에도 없이 흘린 눈물 소금기로 쓰린 눈동자의 핏발도 가시기 전에 어머님은 결혼하셨다. -오, 가장 치사스런 서두름이여, 그토록 민첩하게 불륜의 잠자리로 치닫다니.

　재혼한 그 어머니를 '짐승'에 비유한다든지, '민첩하게 불륜의 잠자리로 치닫다니'라고 한 말에서 독자는 연인으로부터 배신당한 한 사내의 질투의 감정같은 것을 발견할 수 있다. 더구나 위의 독백은 그 어머니가 삼촌과 결탁하여 그 아버지를 암살했다는 것을 알기 전에 한 말이라는 점을 염두에 두면 더욱 그런 느낌을 강하게 받게 된다. 그런데 부왕이 죽기 전의 무의식의 세계에서 어머니를 사랑한 햄릿에 있어서, 연인을 독점하고 있은 적은 그 아버지였다. 그리고 그 적을 제거해 준 것이 바로 크로디어스 왕이었다. 그러니까 이성의 세계에서 크로디어스 왕은 자신의 아버지를 죽인 불구대천의 원수로 그는 햄릿의 복수의 대상이었다. 그러나 id가 왕성하게 활동하는 무의식의 세계에서는 크로디어스 왕이 자신의 사랑의 적을 없애준 우군인 셈이다. 그러니까 복수를 해야 한다는 이성과 연적을 제거한 사람이므로 그럴 수 없다는 무의식이 햄릿의 내부에서 충돌하여 주저와 지연의 원인이 되고 있다는 것이다. 그렇게 보면 햄릿이 오필리어를 대하는 지나친 언행도 이해할 수 있다. 이성의 세계에서 그녀는 햄릿의 사랑하는 사람이다. 그래서 그는 그녀에게 준 편지에서 그녀를 '천사 같은 내 영혼의 우상' '가장 아리따운 오필리어' 라고 하고 있다. 그러나 id, 본능의 세계에서는 그녀가 어머니와의 사랑에 방해가 되는 걸림돌이다. 그래서 그는 아직 어린 그녀가 그 아버지의 명을 따랐을 뿐인 일을 두고 그와 같이 험한 악담을 하고 그리하여 끝내 그녀를 죽음으로 몰아넣고 있는 것이다.

아직도 〈햄릿〉에 대한 연구는 세계 곳곳에서 이루어지고 있고 거기서 복수의 주저와 지연에 관한 새로운 의견도 나오고 있을 것이다. 그만큼 희곡 〈햄릿〉은 세계의 걸작이자 완전히 풀 수 없는 수수께끼인 셈이다.

이제 이 희곡의 주제가 무엇인가를 살펴볼 필요가 있을 것 같다. 여기에도 학자들의 의견은 다양하게 개진되어 있지만 일반적으로 많은 동의를 얻고 있는 것은 다음과 같은 학설이다. 첫째, 이 작품의 주주제는 일견 완전하게 보이는 인간에게도 결함은 있다는 것이다. 지성은 인간만이 가진 높은 기품이지만 햄릿의 경우, 그의 과잉한 지성은 파괴력이 되어 비극을 자초하고 있기 때문이다. 다음, 이 희곡의 부주제는 악을 제거하기 위해서는 선도 희생될 수밖에 없다는 것이다. 이 희곡에 등장하고 있는 음주, 음란, 독살, 毒劍, 암살 지령, 미인계, 배신 등 덴마크에 만연한 악은 腫瘍에 비유할 수 있다. 외과의사가 그와 같은 病巢를 제거하려면 건강한 조직의 일부도 훼손하지 않을 수 없다. 그러니까 햄릿, 오필리어는 도덕적 질서 회복을 위한 속죄양이라 해야

할 것이다. 그들의 희생이 있은 다음 덴마크는 새로운 왕 포틴브라스
에 의해 깨끗하고 힘에 넘친 새 세상을 맞고 있는 것이다.

4. 〈古文眞寶〉

중국의 고전 〈古文眞寶〉는 옛글 중 진정한 보배를 모아 놓은 책이란 뜻의 이름이다. 宋代(11~12C)에 편찬된 것으로 알려져 있는 이 책은 옛 시를 모은 前集과 산문을 모은 後集으로 되어 있다. 고래로 중국의, 학문을 하는 초보자는 먼저 《論語》《孟子》를 읽어 몸을 닦고 사람을 다스리는 법을 배운 다음 글공부를 했다.

이는 《論語》「學而篇」의 「행하고 남은 힘이 있으면 글공부를 해야 한다(行有餘力 則以學文)」고 한 뜻에 따른 것이다. 이 책이 그 첫머리에 白樂天 등의 〈勸學文〉을 싣고 있는 것도 그 때문이다.

이 책이 가진 가장 큰 의미는 오래 전부터 우리의 귀에 익은 옛 중국의 명문들을 한 권으로 읽을 수 있다는 점이다. 이 책에는 상당히 다양하고 방대한 양의 시문이 실려 있는데 여기서는 그 중에서도 뛰어난 글들을 옮겨 싣는다.

前集 앞 부분에 실려 있는 陶淵明의 五言詩 〈四時〉는 사계절, 자연의 아름다움을 읊은 것으로 맑고 古雅한 시풍이 한 편의 아름다운 산수화를 보는 것 같다.

陶淵明 (365~427) 외 〈古文眞寶〉는 春秋戰國時代 周나라 屈原의 〈楚辭〉에서부터 秦·漢·魏·六朝·唐·宋代 의 詩文 중 명편들을 가려 싣고 있다. 이 책에서 우리는 李白·杜甫·柳宗元 등의 명문들을 읽을 수 있다.

四時

     - 陶淵明

春水滿四澤

夏雲多奇峰

秋月揚明輝

冬嶺秀孤松

(봄 물은 사방 못에 가득하고

여름 구름은 기이한 산봉이로다.

가을 달 밝게 비치고

겨울 뫼에 외로운 소나무 우뚝하여라.)

烏夜啼

     - 李白

黃雲城邊烏欲棲

歸飛啞啞枝上啼

機中織錦秦川女

碧紗如烟隔窓語

停梭悵然憶遠人

獨宿空房淚如雨

(황혼 내리는 성에 까마귀 깃들어

나뭇가지에 앉아 까악까악 우짖는데

비단 짜던 진천의 여인은

푸른 연기 같은 창가에서 혼잣말한다.

베 짜던 북(梭) 멈추고 먼 땅 님 그리며

홀로 빈방에 누우니 눈물 나누나.)

　암수가 서로 떨어진 까마귀는 밤이면 운다고 한다. 남편을 멀리 보내 놓고 있는 아내가 황혼녘 까마귀 울음소리에 베 짜던 손에 맥이 풀려 창가에 서서 눈물짓는 모습이 애련하기 그지없다.

漁翁

　　　 － 柳宗元
漁翁夜傍西巖宿
曉汲淸湘燃楚竹
煙消日出不見人
欸乃一聲山水綠
回看天際下中流
巖上無心雲相逐
(늙은 어부 밤에 서쪽 바위에 배 대고 자고
새벽에 湘水의 물을 긷고 楚竹을 태워 밥을 짓는다.
안개 걷히고 해 떠도 사람은 보이지 않고
노 젓는 소리만 들리니 산도 물도 다 푸르다.
중류로 내려 가며 하늘을 돌아 보니
어제 잔 바위 위엔 무심한 구름만 오락가락하구나.)

　이 노래는 인간과 자연이 일체가 되어 있는 한 폭의 풍경화다. 전체를 지배하는 것은 아름다운 靜寂美다. 인적 없는 산 사이로 흐르는 강, 나직한 노 젓는 소리, 푸른 산과 물, 묵중한 바위와 흐르는 구름, 이러한 것이 청각 이미지와 시각 이미지, 그리고 動과 靜의 절묘한 대조와 조화를 이루고 있다. 거기에 얽매임 없이 흘러가고 있는 늙은 어부는 老莊風의, 자연 속에 逍遙하는 신선, 바로 그것이다.

朱子와 蘇東坡가 뛰어난 노래라고 격찬한 陶淵明의 〈歸去來辭〉는 전원시의 白眉라 할 수 있다. 陶淵明은 가세가 어려운 것을 안타깝게 생각한 친척들이 추천하여 나이 마흔 한 살에 彭澤 현령을 하게 되었는데 벼슬살이의 번거로움을 견디지 못해 석 달을 못 채우고 80여 일 만에 고향으로 돌아왔다. 이 노래는 宦路의 얽매임에서 벗어나 자연에 귀의하는 기쁨을 읊은 것이다.

歸去來辭
　　　　－陶淵明

歸去來兮　田園將蕪胡不歸　旣自以心爲形役　奚惆悵而獨悲　悟已往之不諫　知來者之可追　實迷塗其未遠　覺今是而昨非
(돌아가자. 전원에 잡초가 우거지려 하는데 어찌 돌아가지 않으랴. 이미 스스로 몸을 욕되게 했지만 무엇 때문에 그 일로 슬퍼하고만 있을 것인가. 지난 일은 어쩔 수 없고 앞으로 바로 살면 될 것 아닌가. 실로 미망에 살았으나 이제 그것도 거의 다 끝났다. 지금은 옳으나 지난 날은 잘못이었음을 깨닫겠구나.)

이 구절은 벼슬살이라는 것이 자신과 같은 사람에게는 욕됨 밖에 주는 것이 없다는 것을 깨닫고 미련 없이 전원으로 돌아가기로 한 심정을 읊은 것이다.

그에 이어지는 구절들은, 고향으로 갈 때의 설레는 마음, 집에 도착하여 가족들과 다시 만나고 전원생활의 행복을 되찾는 기쁨을 노래하고 있다.

舟搖搖以輕颺 風飄飄而吹衣 問征夫以前路 恨晨光之熹微
(배는 흔들흔들 미풍에 흔들리고 바람은 펄럭펄럭 옷자락을 날린다. 지나가는 사람에게 길이 얼마나 남았는지 묻기도 하는데 새벽이라 아직 밝지 못한 것이 아쉽다.)

乃瞻衡宇 載欣載奔 僮僕歡迎 稚子候門 三徑就荒 松菊猶存 攜幼入室 有酒盈樽 引壺觴以自酌 眄庭柯以怡顔 倚南窓以寄傲 審容膝之易安
(집 대문을 보고 기뻐서 달려 들어갔다. 아이 종이 반갑게 맞아 주고 어린 자식들은 문에서 기다리고 있다. 정원은 잡초에 덮여 있으나 소나무와 국화는 아직 그대로 있다. 어린 것들을 데리고 방으로 들어가니 단지에 술이 그득하다. 단지와 잔을 끌어 혼자 술을 마시면서 마당의 나무들을 보니 기쁘기 그지없다. 남쪽 창에 기대어 편안히 서 있으니 좁은 거처에 살아도 편안함을 알겠다.)

園日涉以成趣 門雖設而常關 策扶老以流憩 時矯首而游觀 雲無心以出岫 鳥倦飛而知還 景翳翳以將入 撫孤松而盤桓
(매일 정원을 거니니 그 때마다 정취가 있다. 대문은 세워 두었지만 언제나 닫혀 있다. 지팡이에 늙은 몸을 의지하고 거닐다 때로 머리를 들어 이리저리 둘러본다. 구름은 무심히 산 위에 떠 있고 새는 날다 지쳐 둥지로 돌아온다. 해는 어둑어둑 지려 하면서 외로운 소나무에 어른거린다.)

歸去來兮 請息交以絶游 世與我而相遺 復駕言兮焉求 悅親戚之情話 樂
琴書以消憂 農人告余以春及 將有事于西疇 或命巾車 或棹孤舟 旣窈窕
以尋壑 亦崎嶇而經丘 木欣欣以向榮 泉涓涓而始流 善萬物之得時 感吾
生之行休

(돌아가자. 사람 사귐을 그만 두고 세상을 잊으리라. 다시 수레를 타고 무엇
을 구하랴. 친척과 더불어 정담을 나누고 거문고 타고 책을 읽으며 근심을
없애리라. 농부가 봄이 왔다고 이르니 이제 서쪽 밭에 나가 일을 해야 하겠
구나. 수레를 몰고 혹은 배를 저으면서 꾸불꾸불 길을 돌아 골짜기를 찾고
험한 언덕을 넘는다. 나무는 잘 자라고 샘물은 힘차게 넘쳐흐른다. 만물이
좋은 계절을 만나 기뻐하는데, 나는 이제 살 날도 멀지 않구나.)

已矣乎 寓形宇內 復幾時 曷不委心任去留 胡爲乎遑遑欲何之 富貴非吾
願 帝鄕不可期 懷良辰以孤往 或植杖而耘耔 登東皐以舒嘯 臨淸流而賦
詩 聊乘化以歸盡 樂夫天命復奚疑

(끝났구나. 이제 살 날이 얼마겠느냐. 어찌 생사를 자연에 맡기지 않으랴.
무엇 때문에 황망하게 욕심을 내랴. 부귀는 나의 바라는 바 아니며 낙원은
바랄 수 없다. 다만 좋은 시절을 생각하며 홀로 가서 지팡이를 세워 두고 김
을 매고 북을 돋운다. 동쪽 언덕에 올라 천천히 휘파람을 불고 맑은 물가에
서 시를 짓고 노래를 부른다. 얼마 동안 자연의 변화에 따르다 세상을 떠나
리니 천명을 즐기면 그만이지 다시 무엇을 의심하리오.)

〈赤壁賦〉는 蘇東坡가 宋代인 1082년 가을 赤壁江에서 친구들과 뱃
놀이를 하면서 지었다는 노래다. 赤壁江은 삼국시대에 吳나라가 蜀의
諸葛孔明의 神策에 따라 화공으로 曹操의 魏나라 대군을 섬멸했다는

赤壁과 이름이 같은 곳이다. 여기서는 그 중반 이후만 소개한다.

赤壁賦

　　　－蘇東坡

客曰 月明星稀 烏鵲南飛 此非曹孟德之詩乎 西望夏口 東望武昌 山川相

繆 鬱乎蒼蒼 此非孟德之困於周郞者乎 方其破荊州 下江陵 順流而東也

舳艫千里 旌旗蔽空 釃酒臨江 橫槊賦詩 固一世之英雄也 而今安在哉

況吾與子 漁樵於江渚之上 侶魚蝦而友麋鹿 駕一葉之輕舟 擧匏樽以相

屬 寄蜉蝣於天地 渺滄海之一粟 哀吾生之須臾 羨長江之無窮 挾飛仙

以遨遊 抱明月而長終 知不可乎驟得 託遺響於悲風

(손님이 달이 밝고 별은 드문데 까막까치는 남쪽으로 날아간다고 한 것은
曹操의 시가 아니던가 라고 했다. 서쪽으로 夏口, 동쪽으로 武昌을 바라보
니 산천이 서로 얽혀 울창하니 이는 曹操가 周瑜에게 곤욕을 당한 곳이 아
니던가. 그 曹操가 荊州를 쳐부수고 江陵으로 내려가 강을 따라 동쪽으로
갈 때 船團이 천리에 이르고 깃발은 하늘을 덮었다. 술을 싣고 강에 임하여
창을 곁에 놓고 시를 읊었으니 실로 일세의 영웅이 아니었던가. 그런데 지
금 그는 어디 있는가. 하물며 나와 그대, 강가에서 고기 잡고 나무하고, 물
고기와 새우, 사슴을 벗하고 있음에랴. 일엽편주를 타고 서로 술을 권하면
서 하루살이 같은 인생을 천지에 내맡기고 있으니 망망대해에 뜬 한 알 좁
쌀과 같은 존재로다. 나의 생의 짧음이 슬프고 장강의 무궁함이 부럽구나.
하늘을 나는 신선과 더불어 높고 밝은 달을 안고 영원히 살 수도 없으니 그
슬픔을 퉁소소리에 실어 바람에 날리노라.)

曹操는 劉備의 군사를 까막까치 떼처럼 쫓겨 달아나게 한, 일세의

영웅이지만 세월의 흐름은 어쩔 수 없어 그도 이제 한줌 흙으로 돌아
갔다, 하물며 우리와 같은 미미한 인생이야 더 말할 것이 있겠는가, 그
런 서글픈 생각에 술을 마시며 퉁소를 분다는 것이다.

蘇子曰 客亦知夫水與月乎 逝者如斯 而未嘗往也 盈虛者如彼 而卒莫消
長也 蓋將自其變者而觀之 則抱天地曾不能以一瞬 自其不變者而觀之 則
物與我皆無盡也 而又何羨乎 且夫天地之間 物各有主 苟非吾之所有 雖
一毫而莫取 惟江上之淸風與山間之明月 耳得之而爲聲 目遇之而成色 取
之無禁 用之不竭 是造物者之無盡藏也 而吾與子之所共適 客喜而笑 洗
盞更酌 肴核旣盡 杯盤狼藉 相與枕藉乎舟中 不知東方之旣白
(내가 말했다. 그대도 저 물과 달을 아는가. 물은 이와 같이 밤낮 쉬지 않고
흐른다. 그러나 일찍이 아주 가 버리는 것은 아니다. 달은 찼다 이울었다 하
지만 그 자체는 아주 없어지는 것도 아니고 늘어나는 것도 아니다. 대개 그
변하는 쪽에서 보면 곧 천지에 한 순간도 가만히 있는 것이 없고 변하지 않
는 쪽에서 보면 사물도 나도 다함이 없다. 그런데 또 무엇을 부러워하겠는
가. 저 천지간 만물에는 다 주인이 있으니 진정 내 것이 아니면 추호도 취해
서는 안 된다. 다만 강에 부는 청풍과 산 위에 뜬 명월은 귀가 취하여 그 소
리를 듣고 눈이 취하여 그 빛을 본다. 이는 취함을 금하지도 않고 써도 다함
이 없으니 조물주가 무한히 주는 것으로 그대와 내가 같이 가져도 좋은 것
이다. 친구가 기뻐 웃으며 잔을 씻어 다시 술을 마시니 안주가 이미 다하고
잔과 접시가 어지러이 늘렸다. 서로 어울려 배 안에서 자니 동쪽이 이미 훤
히 밝아옴을 알지 못했다.)

위는 蘇東坡가 그 전 구절에서의 허무를 딛고 세상에는 영원한 것

도, 아주 없어지는 것도 없으니 인간도 광대무변, 무한한 우주의 일부
분으로 자연을 벗삼아 이 생을 즐길 따름이라는 것을 깨닫고 있음을
보여 준다. 우리는 여기서 저 莊子의, 무엇에도 얽매이지 않고 至樂을
누리려는 인생관을 읽을 수 있다.

〈出師表〉는 蜀漢의 승상 諸葛亮이 曹操의 魏나라를 치기 위해 中
原으로 떠나면서 2세 황제에게 올린 상소문으로 전후 두 表로 되어 있
다. 여기서는 그가 後主에게 자신이 떠난 후에 현명한 신하를 등용하
여 나라를 잘 다스리기를 당부하고 출정에 임한 자신의 결의를 말하고
있는 前表의 일부분을 싣는다. 이는 후세 사람들이 〈出師表〉를 읽고
울지 않는 자는 충신이 아니라고 말할 정도로, 유명한 글이다.

出師表

　　　　-諸葛亮

先帝創業未半　而中道崩殂　今天下三分　益州罷敝　此誠危急存亡之秋也
然侍衛之臣　不懈於內　忠志之士　忘身於外者　蓋追先帝之殊遇　欲報之於
陛下也　誠宜開張聖德　以光先帝之遺德　恢弘志士之氣　不宜妄自菲薄　引
喻失義　以塞忠諫之路也
(先帝께서는 창업을 하시어 대업을 반도 이루시기 전에 돌아가셨습니다.
지금은 천하가 삼분되고 익주가 피폐하여 실로 위급하기 이를 데 없습니
다. 그러나 모시는 신하들이 안으로 게으르지 않고 충성스런 무사들이 밖
에서 자기 몸을 잊음은 모두 先帝의 두터운 은총을 추모하여 폐하께 보답
하고자 함입니다. 실로 마땅히 폐하께서는 신하들의 간언을 들으시어 先帝
의 유덕을 크게 하시고 뜻있는 이들의 기를 키우셔야 할 것입니다. 폐하께

서는 함부로 망녕되이 스스로 자신은 덕이 없어 아무 일도 할 수 없다고 생
각하여 비유를 끌어대어 義를 잃음으로서 충간의 길을 막지 않으셔야 할
것입니다.)

宮中府中俱爲一體 陟罰臧否 不宜異同 若有作奸犯科 及爲忠善者 宜付
有司 論其刑賞 以昭陛下平明之治 不宜偏私使內外異法也
(궁중과 부중은 하나입니다. 선한 자에게는 벼슬을 내리고 악한 자에게는
벌을 줌에 있어서 궁중과 부중이 달라서는 안 될 것입니다. 만약 간사한 짓
을 하여 죄를 짓거나 진심으로 선을 행한 자가 있으면 마땅히 관에 넘겨 폐
하의 고르고 밝음을 보여 주셔야 할 것입니다. 마땅히 사사로이 치우쳐 궁
중과 부중에 법을 달리 하셔서는 안 될 것입니다.)

侍中侍郎 郭攸之費禕董允等 此皆良實 志慮忠純 是以先帝簡拔 以遺陛
下 遇以爲宮中之事 事無大小 悉以咨之 然後施行 必能裨補闕漏 有所廣
益 將軍向寵 性行淑均 曉暢軍事 試用於昔日 先帝稱之曰能 是以衆議 擧
寵爲督 愚以爲營中之事 事無大小 悉以咨之 必能使行陣和睦 優劣得所
(시중과 시랑인 郭攸之, 費禕, 董允 등은 모두 선량하고 진실한 인물로 심
지와 사려가 참되고 순수합니다. 그들은 先帝께서 가려 뽑아 폐하께 남기
신 이들입니다. 생각건대 궁중의 일은 대소를 막론하고 이들과 의논하신
다음 시행하신다면 반드시 능히 도와 보충하고 잘못됨이 없게 될 것입니
다. 장군 向寵은 선량하고 치우침이 없으며 일에 통달해 있어 지난 날 그를
시험하여 채용하신 先帝께서 유능한 사람이라고 하신 적이 있습니다. 그래
서 신하들과 의논하시어 장관으로 삼으신 것입니다. 생각건대 營中의 일은
대소를 막론하고 그와 의논하신다면 반드시 陣中이 화목하게 하고 사람을

능력의 우열을 가려 쓸 수 있으실 것입니다.)

親賢臣 遠小人 此先漢所以興隆也 親小人 遠賢臣 此後漢所以傾頹也 先
帝在時 每與臣論此事 未嘗不嘆息痛恨於桓靈也 侍中尙書長史參軍 此悉
貞亮死節之臣也 陛下親之信之 則漢室之隆 可計日而
(어진 신하는 가까이 하고 소인을 멀리 함은 前漢이 흥할 수 있었던 까닭입
니다. 소인을 가까이 하고 어진 신하를 멀리함은 後漢이 쇠퇴한 까닭입니
다. 先帝께서는 늘 신과 이 일을 의논하시어 後漢의 桓帝와 靈帝 때 나라
가 망한 일을 두고 통탄해 마지 않으셨습니다. 侍中·尙書·長史·參軍이 모
두 절조가 있고 발라 節義에 죽을 사람들입니다. 폐하께서 이들을 친근히
하고 믿으신다면 곧 漢室이 흥륭할 날을 기대할 수 있으실 것입니다.)

臣本布衣 躬耕南陽 苟全性命亂世 不求聞達於諸侯 先帝不以臣卑鄙 猥
自枉屈 三顧臣於草廬之中 諮臣以當世之事 由是感激 許先帝以驅馳 後
値傾覆受任於敗軍之際 奉命於危難之間 爾來二十有一年矣 先帝知臣謹
愼 故臨崩寄臣以大事也
(신은 본래 布衣를 입고 南陽에서 밭을 갈며 살고 있었습니다. 그 때 신은
난세에 명을 보존하여, 제후에게 출세영달을 구하지 않았습니다. 그런데 先
帝께서는 신을 업신여기지 않으시고 스스로 자신을 낮추시어 신의 草廬를
세 번이나 찾으시어 당시의 세상 일에 자문을 청하시었습니다. 신은 이에
감격하여 先帝의 뜻을 받아들여 命을 받들어 일하기로 했습니다. 그 뒤 나
라가 망할 지경에 이르러 패군 중에 임무를 맡았습니다. 위난의 때에 명을
받들기 21년이 되었습니다. 先帝께서는 신이 말을 삼가고 행동을 조심하는
사람이라고 생각하시어 붕어에 임하시어 신에게 대사를 맡기셨습니다.)

受命以來 夙夜憂慮 恐付託不效 以傷先帝之明 故五月渡瀘 深入不毛 今
南方已定 兵甲已足 當獎率三軍 北定中原 庶竭駑鈍 攘除姦凶 以復興漢
室 還于舊都 此臣所以報先帝 而忠陛下之職分也 至於斟酌損益 進盡忠
言 則攸之禕允之任也

(명을 받든 이래 밤낮으로 우려하여 맡은 임무를 제대로 못해 先帝의 밝음
에 누를 끼치지 않을까 두려워했습니다. 그래서 5월에 瀘水를 건너 불모의
땅에 들어갔습니다. 이제 남방은 이미 평정되었고 軍備도 충분합니다. 마
땅히 삼군을 거느리고 북으로 나아가 中原을 평정해야 합니다. 있는 힘을
다하여 간사하고 흉악한 자들을 쳐 물리쳐 漢室을 부흥하여 옛 왕도에 되
돌아가게 되기를 바랍니다. 그것이 先帝께 보답하고 폐하께 충성하게 되는
신의 직분입니다. 손해와 이익을 계산하고 충성된 말씀을 올리는 일은 攸
之, 費禕, 董允 등이 할 것입니다.)

願陛下託臣以討賊興復之効 不効則治臣之罪 以告先帝之靈 若無興德之
言 責攸之董允等之咎 以彰其慢 陛下亦宣自謀以咨諏善道察納雅言 深追
先帝遺詔 臣不勝受恩感激 今當遠離 臨表涕泣 不知所云

(원컨대 폐하께서는 신으로 하여금 적을 토벌하고 漢室을 부흥케 하는 일
을 맡겨 주십시오. 臣이 그 일을 하지 못하거든 신의 죄를 다스려 先帝의
靈에 고하십시오. 만일 폐하께 덕을 흥하게 하는 말이 없으면 攸之와 費禕
, 董允 등의 태만을 밝혀 허물을 문책하십시오. 또한 폐하께서도 스스로 마
땅히 도모하시어 선한 도를 신하들과 의논하시고 좋은 말을 살펴 받아들이
시어 깊이 先帝께서 남기신 遺詔를 따르십시오. 신은 폐하의 은혜에 감격
을 이기지 못하여 멀리 떠나면서 눈물로 表를 올리니 드릴 말씀을 알지 못
하겠습니다.)

5. 앙드레 지드의 〈田園交響樂〉

　　병약한 데다 예민한 감수성을 가진 앙드레 지드는 젊은 날 유럽 세계를 지배하고 있던 기독교 모럴과 육욕 사이에서 번뇌와 갈등에 시달리면서 살았다. 그가 스물 네 살이던 1893년을 시작으로 모두 6차례에 걸쳐 아프리카를 여행하거나 그 곳에 머문 것도 그 때문이었다. 그는 이교도의 세계, 아프리카에서 사막과 낙타, 열기와 원주민들의 삶을 경험함으로써 기독교 문명세계의 중압으로부터 벗어나고자 한 것이다. 그러한 그의 심정은 그의 작품에도 짙게 깔려 있어 〈法皇廳의 지하도〉가 발표되었을 때는 背德性이 심하다 하여 가톨릭 작가들로부터 맹렬한 비난을 받았고 1952년 로마 교황청은 그의 전 작품을 禁書目錄에 넣었다. 그만큼 그는 기독교 문명으로부터의 자유를 갈망했다.

　　〈田園交響樂〉은 1919년에 발표한 소설로 영혼, 금욕주의, 전통적 미덕과 육체와 관능, 쾌락의 충돌에 의한 振動의 기록으로 불리고 있다. 일기 형식으로 되어 있는 이 소설은 독실한 기독교 신앙심을 가지고 있는 한 목사가 어느 가난한 노파의 임종에 입회하기 위해 궁벽한 시골로 가는 데서 시작된다. 목사는 거기서 그 노파가 남긴, 한 눈 먼 소녀를 데리고 온다. 목사는 앞이 안 보일 뿐 아니라 말도 못하는, 마치 한 마리 동물과 같은 그 소녀를 집으로 데리고 와 목욕을 시키고 옷을 갈아 입힌다. 그리고는 점자로 말을 가르쳐 주고 그녀의 영혼의 눈을 뜨게 한다. 목사는 아름답고 영리한 처녀로 변신한 그녀에게 자신도 모르게 사랑을 느낀다. 그는 그의 아들이 그녀와 가까워지는 것을 보고는 질투를 느껴 강제로 두 사람의 사이를 떼어 놓는다. 수술로 눈을 뜨게 된 그녀는 자신이 사랑하는 사람이 늙은 목사가 아니라 그 아들이라는 것을 깨닫는다. 그러나 아버지의 처사로 마음에 상처를 입은 목사의 아들은 이미 가톨릭으로 개종해 자신과 맺어질 수 없음을 안 처녀는 자살을 하고 만다는 것이 이 소설의 줄거리다.

이 소설에서 돋보이는 것은 주제의 특이성 및 그 의미의 심장함 이전에 뛰어난 창작 테크닉이라 할 수 있다. 표제에 나타나 있듯, 이 소설은 베토벤의 전원교향악 제 6번을 背音으로 깔고 있다. 그런데 이 소설의 구성, 서술구조가 바로 5악장으로 된 이 음악과 기가 막히는 호응을 하고 있다. 이 음악의 제1악장은 시골에 도착하여 울렁거리는 가슴을 그리고 있는 밝고 잔잔하고 아늑한 음율로 되어 있다. 그런데 소설의 전개도 목사가 뇌샤뗄郡의 寒村 라브레비이느의 주민들을 자상한 마음으로 돌보아 주고 불쌍한 고아 소녀를 발견해 집으로 데리고 오는 아름다운 인간 이야기로 되어 있다. 다음과 같은 시골의 풍경 묘사가 이 악장에 그대로 조화를 이루고 있다.

그런데 소드레의 농장을 지나자, 소녀는 내가 아직껏 한 번도 발을 들여놓은 적이 없는 길로 안내했다. 하긴 그 곳에서 왼편으로 2킬로쯤 더 간 곳에, 젊었을 때 가끔 스케이트를 타러 온 적이 있는 신비스러운 조그만 늪이 있는 것을 알아보긴 했으나, 벌써 그 늪을 보지 않은 지도 15년이나 된다.

앙드레 지드 André Gide (1869~1951) 프랑스 빠리에서 법학교수의 아들로 태어난 그는 〈좁은 문〉 〈法皇廳의 지하도〉 〈背德者〉 등을 발표해 흔히 20세기의 지성과 양심을 대표하는 작가로 불리고 있다. 1947년 노벨문학상을 수상했다.

그것은 목사로서의 일을 위해 이 방면에 불려간 적이 한 번도 없었기 때문이다. 아마도 이번 일이 아니었으면 이 늪의 소재조차도 분명히 말할 수 없었으리라. 그토록 이 늪은 내 마음 가운데서 멀어져 있었으므로 갑자기 지금 저녁놀의 장밋빛과 황금빛 속에서 그것을 알아보았을 때에도 처음엔 꿈에서나 본 것 같은 기분이 들었을 정도였다.

제2악장은 시냇가의 풍경을 묘사한 것으로 생기에 넘친 경쾌한 리듬으로 되어 있다. 목사와 그 가족이 제르뜨뤼드의 머리를 깎아 주고 목욕을 시켜 주고 깨끗한 옷을 입혀 주고 마음의 눈을 뜨게 해 그녀가 사랑스런 모습으로 변해 가는 장면은 그 음률에 잘 어울리는 것이다.

그것은 미소라기보다 변모에 가까운 것이었다. 갑자기 그녀의 얼굴이 활기를 띤 것이다. 그것은 마치 새벽빛에 앞서 눈에 덮인 산봉우리의 모습을 밤의 어둠 속에서 뜨는 듯이 두드러지게 비추는 저 알프스의 새벽의 연한 복숭아빛 광선같이 불쑥 나타나는 광명이었다. 그것은 신비스러운 색채라고 부를 수 있었다. 천사가 내려와서 잠든 물을 깨우고 있는 순간의 베데스타 연못을 상상했다. 제르뜨뤼드에게 불현듯이 나타난 이 천사와 같은 표정을 보고 황홀한 기분에 잠겼다.

위의 인용문과 같은 대문은 바로 제2악장의 樂音을 시각이미지로 표현한 것으로도 볼 수 있을 것이다.

제3악장은 농부들의 즐거운 모임을 악곡으로 표현한 것인데 제르뜨뤼드가 루이즈 드 라 M양의 집에서 다른 세 소녀들과 어울려 오르간을 치고 춤을 추고 목사가 읽어 주는 시를 들으면서 「명절날을 맞은 듯이」홍겨워하고 있는 장면이 그에 잘 어울리고 있다.

제4장악은 「천둥번개와 폭풍」으로 가파르고 격렬한 음이 듣는 사람의 영혼을 뒤흔들어 놓는다. 그것은 이 소설의 클라이맥스와 같은 성격을 띤 것이다. 이는 제르뜨뤼드와 목사의 아들 자끄가 사랑을 느끼게 되고 목사가 질투로 번민하고 눈을 뜬 제르뜨뤼드가 절망감에 자살을 하는 단층이다. 이 대목에서는 그 전의 일기가 길게는 7~8페이지에 이르던 것이 6~7행으로 짧아지고, 특히 눈수술의 성공을 적은 날의 일기는 단 2문장, 2행으로 끝나고 있다. 그리고 서술 속도도 급박해진다. 특히 5월 28일의 일기는 목사가, 제르뜨뤼드가 시력을 찾고 병원에서 돌아오는 모습을 멀리서 바라보는 장면에서 바로 그녀가 자살을 기도했다는 사실에 직면하는 것으로 이어지고 있다. 그것은 서술의 시간이 제로가 되는 생략으로, 제4악장의, 청중을 긴장하고 경악하게 하는 그 격한 음과 조화를 이루는 것이다.

제5악장은 「謝恩에 찬 피날레」인데 이 소설에서는 자끄가 성직으로 떠나고 목사는 아내의 기도를 안내삼아 다시 하느님 앞으로 나간다.

이제 이 소설이 독자에게 주는 메시지가 무엇인가를 생각해 보기로 하겠다. 이 소설의 原題는 〈La Symphonie pastorale〉인데 우리나라에서는 〈田園交響樂〉이라고 하고 있지만 원칙적으로 이와 같은 번역은 완전한 것이 못된다. 왜냐하면 'pastorale'라는 프랑스어는 重義語로 田園과 함께 목사라는 의미도 가지고 있기 때문이다. 그러니까 이 소설은 전원을 배경으로 펼쳐지는 비극적인 사랑이야기이기도 하면서 한 목사의 悲歌이기도 한 것이다.

결론적으로 말하자면 〈田園交響樂〉은 인간 존재의 비극성을 그려 보여주는 소설이다. 작가는 인간이란, 동물적 욕망과 이성의 충돌로 그 사이에서 어쩔 수 없이 고통에 시달려야 하는 모순에 찬 존재자라고 하고 있다. 이 소설은 동물적 욕망을 가진 한 인간이 신앙심과 이성으로 그것을 억제하려 하나 욕망의 그 강하고 무서운 힘을 억누를 수 없어 결국 파멸하고 있음을 보여 주고 있다.

〈田園交響樂〉은 주인공, 목사의 내적 갈등과 파국을 극적으로 그려 보여 주고 있다. 물론 목사가 제르뜨뤼드를 데리고 와 돌보아 주는 것은 의심의 여지없이 선의와 자애심에서 한 것이었다. 그는 복음서와 사랑의 도를 설법하는 牧者로서 사랑의 선함과 그 결백을 믿고 있었으므로 외곬으로 가슴 속에 넘쳐 흐르는 자애로 빠져든다. 그는 온화와 자애를 깊이 파 들어감으로써 어떤 함정도 없는 길을 걸어갈 수 있다고 확신한다. 제르뜨뤼드를 집으로 데리고 왔을 때 그녀의 몸에 이가 들끓고 있는 것을 보고 기분이 언짢았으면서도 참고 있는 장면은 단적으로 그의 마음이 교직자의 숭고함으로 가득한 것이라 함을 보여 주는 것이다. 그의 아내 아멜리가 "당신은 자기 아이는 그처럼 돌봐준 일이 없어요."라고 했을 때 그가 '밖에서 돌아온 아이에겐 축복해 주지만, 집에 남아 있던 아이들에게는 아무 것도 해주지 않는다' 는 비유를 든 것도 조금도 사심없는 그의 진심이었다. 그러나 그는 자기도 모르게 차츰 제르뜨뤼드를 자신이 구한 한 마리 가련한 길 잃은 양이 아닌, 한창 피어나는 아름답고 사랑스런 처녀로 보기 시작한다. 아멜리는 그녀의 육감으로 남편이 제르뜨뤼드를 한 사람의 이성으로 사랑하고 있다는 것을 알고 "하지만 할 수 없지 않아요, 나는 유감스럽게도 장님으로 태어나지 못했으니까요."라고 우회적으로 비난했지만 목사는 아내가 무엇 때문에 그런 말을 하는지 모른다. 또 그녀가 그를 가리켜 '가엾은 사람' 이라고 했을 때도 그런 알 수 없는 말을 하는 그녀를 딱하게 여길

뿐이다.

　그러나 얼마 안 가 그도 자신이 제르뜨뤼드를 육체적인 사랑의 대상으로 생각하고 있다는 것을 알게 된다. 우연히, 아들 자끄가 그녀의 손에 입을 맞추는 것을 보고 그가 「커다란 슬픔」을 느끼고 있는 것은 자신의 그녀에 대한 사랑을 부정할 수 없는 명백한 증거이기 때문이다. 이 때부터 그는 스스로 牧者의 사랑에 머물고 있으려 하지 않는다. 질투심을 이기지 못한 그는 자끄에게 그녀의 불구와 순진함, 깨끗함을 불순한 마음으로 농락해서는 안 된다고 꾸짖는다. 이에 한 사람의 청년으로 그녀에 대해 자연스럽고 순수한 사랑을 느끼고 있던 자끄는 자신은 그와 같은 비열한 마음을 가지고 있는 것이 아니고 그녀를 사랑하고 존경하며 그녀를 위하여 지지자가 되고 친구가 되고 남편이 되어주고 싶다고 말한다. 목사는 그와 같은 아들의 말이 모두 진실이라는 것을 알면서도 ‘어쨌든 그녀는 아직 어리다’는 이유를 들어 그로 하여금 그녀 가까이 가지 못하게 한다. 그리고 그는 자끄에게 그녀를 빼앗기게 될 것을 두려워한다. 다음의 인용문에 이 때의 그의 심정이 잘 드러나 있다.

　이 때 나는 유심히 자끄의 얼굴을 바라보면서 생각했다. 만약에 제르뜨뤼드의 눈이 보인다면 이 쭉 뻗은 건강한 체구, 주름살 하나 없는 아름다운 얼굴, 깨끗하고 밝은 눈빛, 아직 어려 보이면서도 어딘가 근엄한 기품을 띠고 있는 이 용모를 무관심하게 보아 넘기지는 않으리라고.

　의사가 수술로 제르뜨뤼드가 시력을 찾게 할 수 있다고 했을 때 그가 ‘반대할 수 없어’, ‘비겁하게 생각할 여유를 달라’ 고 한 것도 그녀가 놀라지 않게 하기 위해서라고 했지만 그것은 핑계고 사실은 그녀의 사랑을 아들에게 빼앗기게 될 것이라는 두려움 때문이었다. 이 때부터의 목사는 그녀를 성직자로서의 사랑과는 전혀 다른 사랑, 한 사내의 여성에 대한 사랑으로 대하고 있다. 그리고 그것이 잘못이라는 것도 염두에 두지 않는다. 제르뜨뤼드가 그에게 목사님을 사랑한다, 우리가 이렇게 사랑하는 것이 왜 안 되느냐, 이것은 나쁜 일이냐고 물었을 때 그와 그녀의 사랑은 이성간의 사랑과 다른 것이며, 하느님의 인간에 대한 사랑, 인간의 이웃에 대한 사랑 같은 것이라는 것을 말해 주었어야 함에도 그는 "사랑 속에는 악이란 절대로 없단다."고 하고 있는 것을 보면 그것을 알 수 있다. 그리고 급기야 그는 그녀를 오래도록 껴안고, 입을 맞춘다.

본래 오관이 성한, 정상인은 色의 세계에 사는 사람이다. 色은 곧 성적 욕망이다. 인간의 오관은 본래 비극적 모순을 안고 있다. 그것을 이 소설 속의 한 의사는 다음과 같이 말하고 있다.

"나는 단지 이렇게 말하고 싶은 걸세. 워낙 인간의 영혼이란 도처에서 세계를 어둡게 하고, 타락시키고, 더럽히고, 파괴하고 있는 무질서와 죄악보다는, 미와 안락과 조화를 즐겨 상상하고 싶어하는 법이지만, 우리들의 오관은 우리에게 그와 같은 악의 존재를 가르쳐 주기도 하고 그 악을 나눠 갖게 하는 능력을 부여하기도 한다는 말일세. …下略…"

이 소설에서의 정상적인 오관을 가진 인간, 목사는 바로 악의 존재를 가르쳐 주고 악을 나눠 갖게 한 사람이다. 그는 제르뜨뤼드에게 '유일한 죄악은 다른 사람의 행복을 손상시키고 또 우리들 자신의 행복을 위태롭게 하는 데 있다'고 가르쳐 그렇게 믿게 하려 했지만 그의 그녀에 대한 사랑은 누구에게 행복을 주기는커녕 끔직한 불행을 주고 그 자신도 불행으로 굴러 떨어지게 했다. 곧 그의 사랑은 자신은 물론 주변 모두에게 고통과 불행을 주는 죄였다.

그가 지은 가장 큰 죄는 그가 사랑한 제르뜨뤼드의 행복을 짓밟은 것이다. 목사의 세계가 色의 세계였다면 맹인일 때 제르뜨뤼드가 산 세계는 빛의 세계였다. 맹인일 때의 제르뜨뤼드는 목사가 아무리 설명을 해주어도 색채를 이해하지 못한다. 그녀의 머리 속에서는 색채와 광명이 언제나 혼동을 일으켰다. 목사가 색채를, 그녀가 들은 교향악의 여러 악기의 소리에 비유해 설명해 주었을 때 그녀는 그럼 흰색은 무슨 악기의 소리와 흡사하냐고 묻는다. 이에 목사는,

"그렇다면, 흰색은 이렇게 생각하면 되겠지. 즉 그것은 순수한 것이야. 색이란 색깔이 다 사라지고 오직 빛만 남은 것, 그것이지. 그리고 검은 빛은 그 반대로 색이 너무 진해져 버려서 캄캄하게 된 것이라고……"

라고 설명하는데 여기에는 상당히 상징적인 의미가 담겨져 있다고 보아야 할 것이다. 오관이 성한 사람은 여러 가지 色, 곧 욕망을 가지고 있고 그것이 강하게 발동하면 암흑, 죄악의 세계로 굴러 떨어지게 되는 존재고 반대로 맹인은 색 아닌 빛, 순수의 세계에 살고 있는 사람이라는 의미로 새길 수 있기 때문이다. 빛의 세계에 사는 맹인은 행복하다. 그들은 그들 특유의 행복, 순수한 행복을 산다. 선천적인 맹인은 그들에게 적합한 세계-촉각, 후각, 음향의 세계에서 산다. 그들은 자신들을 에워싸고 있는 세계에서 보드랍고 따뜻한 옷을 입은 것과 같은

쾌적함을 느낀다. 목사의 친구, 의사 마르땡은 그것을 다음과 같이 설명하고 있다.

"즉 이런 종류의 불구자는 모두 행복했었네. 의사 표시의 능력을 얻게 되자 그들은 저마다 그것을 저희들의 〈행복〉을 나타내는 데 사용했어. 물론 신문기자들은 신바람이 나서, 오관을 향락하고 있으면서도 불만스런 얼굴을 하고 있는 낯가죽 두꺼운 친구들에 대한 교훈으로 삼았지."

그와 같은 순수, 행복, 빛의 세계에 사는 맹인 제르뜨뤼드는 정상적인 눈을 가진 목사가 보지 못하는 것까지 볼 수 있다. 어느 날 제르뜨뤼드가 목사와 자신이 서 있는 들에도 성경에 나오는 들백합이 피어 있느냐고 묻자 목사는 예수님 당시에는 있었겠지만 인간이 야산을 경작하게 되면서 없어져 버렸다고 한다. 그러자 제르뜨뤼드는 다음과 같이 말한다.

"저는 생각이 나요. 목사님이 종종 이 지상에서 가장 부족한 것은 신뢰와 사랑이라고 말씀하신 것을. 그런데 사람들이 좀 더 신뢰를 한다면 다시 백합꽃을 볼 수 있게 되리라고 생각지 않으세요? 저에게는 그 주님의 말씀을 들은 것만으로도 분명하게 그게 보여요. 그게 어떠한 모습을 하고 있는지 말해 볼까요? ― 글쎄요. 푸른 불꽃으로 된 화관(花冠), 사랑의 향기가 가득 차서 저녁 바람에 흔들리고 있는 하늘색의 큰 화관이군요. 왜 목사님은 그게 이젠 없다고 하시죠? 저는 우리들 앞에 그것이 있다는 것을 느낄 수 있어요! 목장 가득히 그것이 차 있는 것을 볼 수 있어요."

이에 목사도 '눈을 뜨고 있는 사람은 볼 줄을 모르는 거야'라고 해 그녀의 말을 시인하고 있다. 미와 선과 사랑과 조화의 인간 제르뜨뤼드는 스스로 자신의 마음에는 착한 것밖에 없으며 자신은 누구도 괴롭히지 않고 누구에게나 행복만을 주고 싶다고 한다. 그에 대해 목사도 다음과 같이 말하고 있다.

생각이 여기에 미쳤을 때, "너희가 맹인이었더면 도리어 죄가 없었을 것이다."라고 한 저 그리스도의 말씀이 눈부시게 빛나면서 내 눈앞에 나타났다. 죄야말로 영혼을 흐리게 하는 것이요, 환희에 대립하는 것이다. 제르뜨뤼드의 전신에서 나오는 그 완전무결한 행복은 그녀가 전혀 죄를 모른다는 데에서 나오고 있는 것이다. 그녀 속에는 오직 광명과 사랑이 있을 뿐이다.

그러한 제르뜨뤼드가 눈을 뜨게 되자 모든 것이 단번에 일변하고 만다. 시력을 찾았을 때 그녀가 제일 먼저 본 것은 이 세상의, 상상도 할 수 없었던 아름다움이었다. 그녀는 눈을 뜨기 전에는 햇빛이 그토록 밝고, 공기가 그토록 빛나고 하늘이 그토록 넓으리라고는 미처 생각하지 못했었다고 말한다. 그러나 그러한 아름다움은 그 다음에 그녀가 본 것이 준 충격에 비하면 아무 것도 아니었다. 그녀는 목사의 집에 돌아오자마자 자신과 목사가 저지른 과오, 죄를 보았다. 그녀는 자신에게 남편의 사랑을 빼앗겨 처량하고 시름에 잠긴 얼굴을 하고 있는 아멜리의 얼굴을 보고 금방 그 죄를 깨달은 것이다. 맹인이었을 때도 그녀는 어렴풋이 자신과 목사가 서로 사랑한다는 것은 잘못일지 모른다는 생각을 했지만 눈을 뜨고는 그것을 명백하게 알게 된 것이다. 그에 대해 그녀는 자신이 "내가 전에는 율법 없이 살았었는데 계명이 들어

오자 죄는 살아나고 나는 죽었습니다."라고 한 성 바울의 말 그대로라고 한다. 알베에르 티보데가 이 소설을 가리켜 치료 자체가 하나의 병이 되는 이야기라고 한 것도 그 때문일 것이다.

그러나 정작 그녀를 죽음으로 몰고 간 것은 자신과 목사가 죄를 지어 왔다는 사실을 알게 된 것이 아니었다. 그녀는 죽기 직전, 눈을 뜨고 자끄를 처음 보았을 때 자신이 사랑하고 있던 사람은 목사가 아니라 그였다는 것을 알았다고 말한다. 그리고는 자신과 자끄가 결혼을 할 수도 있었는데 왜 둘 사이를 강제로 떼어놓아 결국 자끄로 하여금 출가하여 성직으로 가 영원히 두 사람이 맺어질 수 없게 했으냐고 목사를 추궁한다. 더욱 그녀는 그 때문에 이제 자신은 죽을 수밖에 없다고 하고 더 이상 보고 있을 수 없으니 나가 달라고 말하고 얼마 후 숨을 거두고 만다. 그리하여 아들과 제르뜨뤼드 두 사람이 일시에 목사의 곁을 떠나게 되었다.

앞에서 이 소설의 대단원이 베토벤 전원교향악의 제5악장 「謝恩에 찬 피날레」와 호응하고 있다고 했지만 악곡의 조용한 결말과 이 소설의 다음과 같은 결말이 꼭 서로 어울리는 것은 아니다.

자끄가 돌아간 뒤, 나는 아멜리의 곁에 무릎을 꿇고 앉아 나의 죄를 씻도록 하느님께 기도해 주기를 간청했다. 나는 인간의 도움이 아쉬웠던 것이다. 그녀는 단지, "주여! 저희들의 아버지시여……." 하고만 되뇌일 뿐이었으나 그 구절과 구절 사이엔 두 사람의 간절한 애원을 담은 긴 침묵이 깔렸다.

나는 울고 싶었다. 그러나 내 마음은 한 방울의 눈물도 없이 사막처럼 메말라 버렸다는 것을 깨달았다.

위와 같은 이 소설의 끝맺음은 하느님의 은혜에 감사하는 제5악장의

곡과는 거리가 크게 먼 것이다. 여기서는 하느님의 품안에 안기는 안온 같은 것은 찾을 수 없다. 이것은 한 인간의 悔悟와 自愧의 고통스런 신음이라고 해야 할 것이다. 그렇게 보면 이 소설의 표제 〈田園交響樂〉도 반어적인 것이다. 베토벤의 그 교향악이 전원의 아름다움을 표현한 음악 세계라면 이 소설은 고뇌와 암흑과 절망의 이야기이기 때문이다.

이 소설에는 작가의 인간관, 세계관이 잘 드러나 있다고 볼 수 있다. 작가는 인간은 원천적으로 비극적인 존재라고 생각하고 있음이 분명하다. 무엇보다 인간은 끝없는 욕망을 가지고 있다는 점에서 그렇다. 인간은 그와 같은 욕망을 추구하나 그것을 채울 수 없다. 욕망은 언제나 현실 저 너머에 있기 때문에 항상 갈망하면서도 만족을 얻을 수 없는 것이다. 인간은 때로 그것을 손에 쥐었다고 생각하지만 그 순간 얻게 되는 것은 허망뿐, 곧 그것이 자신이 추구하던 그것이 아님을 깨닫게 된다.

또 인간은 이성의 힘으로 그것을 억제하려 하나 거기서도 번번이 실패하고 만다. 동물적 본능의 세계가 지배하는 욕망 앞에 인간의 이성, 절제는 무력하기 짝이 없는 것이기 때문이다. 그러므로 인간은 언제나 그것 때문에 고뇌에 시달리고 결핍에 목말라 하고 자신이 상처를 입고 남에게 상처를 주는 것이다. 제르뜨뤼드가 행복했던 것은 그녀가 맹인이었을 때다. 맹인은 정상인이 아니다. 우리가 '인간'이라고 할 때의 사람은 정상적인 오관을 가진 존재를 말한다. 그러므로 불구의 몸일 때 가졌던 행복은 엄밀한 의미에서 보편적으로 말할 때의 그 '인간'의 행복이라고 할 수 없다. 그녀가 눈을 떴을 때 그녀는 우리가 일상에서 말할 때의 '인간'이 되었는데 그 순간 그녀는 위에서 말한 그 비극적인 존재가 되고 만 것이다. 흔히 앙드레 지드를 회의주의자, 허무주의자,

사회적 무신론자라고 부르는 것도 위와 같은 부정적 인생관, 세계관 때문일 것이다. 그리고 어쩌면 그것이 이 세계의, 인간의 진상일지도 모르는 일일 것이다.

6. 프란츠 카프카의 〈變身〉

　　프란츠 카프카는 1883년 체코슬로바키아의 프라하에서 부유한 유대 상인의 아들로 태어났다. 그 아버지의 뜻에 따라 법학을 공부한 그는 1906년 법학박사학위를 취득하고는 법원 실무견습직원을 거쳐 오랫동안 보험회사에 근무했다. 1924년 결핵으로 세상을 떠나기까지의 그의 생은 부조리에 가득찬 그것이었다. 귄터 안데르스는 영원한 이방인, 카프카의 생에 대해서 다음과 같이 말하고 있다.

　　그는 유대인이면서 기독교 세계에 속하지도 않았다. 차별을 갖지 않는 유대인이면서도 전혀 유대인에 소속되어 있지 않았다. 독일어를 말하는 사람이면서 또 전혀 체코인에 소속해 있지 않았다. 독일어를 말하는 유대인이면서 보헤미아 출신의 독일인에 속해 있지도 않았다. 보헤미아인이면서도 전혀 오스트리아에 속한 것도 아니었다. 노동자 재해보험국 직원이면서 전적으로 소시민에 속해 있지 않았다. 소시민의 아들이면서 노동자 계층에 속해 있지 않았다. 또 그렇다고 사무실에서 일하는 평범한 사무원 기질에 예속되어 있지도 않았다. 왜냐하면 그는 자기 스스로 작가라고 자처하고 있었기 때문이다. 그러나 그렇다고 그가 작가가 아닌 이유는 가족을 위해서 자기의 힘을 희생시켰기 때문이다. 그는 그의 집안 식구 안에서도 이방인으로서 남다르게 살고 있었던 것이다.

위와 같이, 세계로부터 철저하게 소외된 인간 카프카는 문학에서 그의 생의 의의를 찾았다. 41년이란 그리 길지 않은 생애에 그는 〈變身〉〈城〉〈審判〉 등의 장단편소설들을 썼는데 그의 작품들은 그가 살아 있을 당시 별로 빛을 보지 못했다. 특히 그가 그 말, 글로 쓴 독일어권에서의 그의 문학을 보는 눈은 냉랭한 것이었다. 그러던 것이 앙드레 부르통이 그를 가리켜 초현실주의 문학의 선구자라고 하고 사르트르와 카뮈가 대작가라고 부르면서부터 영미권에서 주목을 받기 시작했다. 그리하여 그의 소설들은 그의 사후 사반세기가 지난 1950년 무렵에는 세계 비평가들의 주목을 받기 시작했고 독일에도 역수입되었다. 그의 작품들을 두고 초현실주의 문학이라고 한 사람이 있었다는 것은 위에서 말한 바와 같고, 그 외에도 그것을 실존주의 문학, 리얼리즘 소설, 사회주의 소설이라고 하는 등 여러 시각에서 열띤 논의가 계속되고 있다. 1970년대까지에만도 전 세계에서 그의 소설에 대한 1만여 편의 연구 논문이 나왔다는 것을 보아도 그 열기의 일단을 엿볼 수 있을 것이다.

그의 문학에 대해서는 비평가에 따라 서로 상이한 여러 가지 해석이 나와 있는데 거기에서 대체로 공통되는 견해는 그의 소설들이 현대문명이 낳은 인간 상실, 막다른 골목에 들어서 있는 현대의 상황, 현대인의 불안감, 소외감, 거대한 악마적 존재와의 대결에서 좌절하는 인간상을 그리고 있다는 것이다.

프란츠 카프카 Franz Kafka (1883~1924) 체코슬로바키아의 프라하에서 유대 상인의 아들로 태어난 그는 법학박사 학위를 취득하고 보험회사에 근무하면서 소설을 썼다. 난해한 것으로 유명한 그의 소설들은 이미 세계의 고전이 되어 많은 비평가들의 연구 대상이 되고 있다.

그와 그의 문학을 논의할 때 흔히 거론되는 것은 그의 소설 창작 동기와 관련된 것이다. 자신의 명이 얼마 남지 않았다는 것을 감지한 그는 평생 친구 막스 브로트에게 자신이 죽거든 〈시골의사〉 등 몇 편의 소설을 제외한, 자신이 쓴 글들을 모두 불태워 없애 달라는 유언을 남겼다. 브로트는 카프카 사후에 친구의 유언을 이행하려고 대학노트에 써 두었던 소설들을 정리하다가 아무래도 그럴 수는 없다고 생각하고 그것을 출판사에 넘겨 책으로 간행하게 했다. 덕분에 인류의 소중한 예술 유산이라고 불리고 있는 그의 소설들은 한 줌 재로 사라지지 않을 수 있게 된 것이다. 그런데 여기서 결핵을 앓아 건강 상태가 극히 좋지 않은 상태의 그가 자신의 사후에 모두 불태워 없애 달라고 한 그 많은 분량의 소설을 무엇 때문에 썼는가 하는 것이 의문이 아닐 수 없다. 보통 소설을 쓰는 목적이라면 돈이나 명예를 얻기 위해서일 것이라고 생각하기 쉬운데 카프카의 경우에는 그것이 아님이 분명하기 때문이다. 문예학자들은 작가가 소설을 쓰는 근본적인 동기는 인간 심리의 심층에 있는 형태형성기능(making gestalt faculty) 때문이라고 하고 있는데 카프카의 경우가 그것을 명백하게 예증하고 있다고 볼 수 있다. 사람은 무엇이든 아무렇게나 제멋대로 흩어져 있는 것들을 그대로 보고 있지 않으려는 충동을 가지고 있다 한다. 무심히 떠 있는 구름에서 배나 어떤 짐승의 모양 같은 것을 찾으려 한다거나 저들끼리 아무 인연도 없는 별들을 서로 연결지어 곰, 전갈 등의 모양을 만들어 이름을 붙이는 데서 그러한 충동을 볼 수 있다. 그, 어떤 모양, 형태를 만들려 하는 것이 곧 형태형성기능이다. 그와 같이 인간은 통제가 불가능한, 혼란스런 세상을 정돈된 세계로 만들고자 하는 충동을 가졌는데 거기서 이루어지는 것이 인생의 표현, 소설이라는 것이다. 카프카가 병고에 시달리면서도 많은 분량의 소설을 쓴 것은 그와 같은, 쓰지 않으면 안 되었던 충동에 의해서였던 것이다.

또 한 가지, 카프카의 소설들은 난해한 것으로 유명하다. 그의 소설들에 대해서는 해석이 불가능하다는 해석만이 가능하다고 한 사람이 있는가 하면 온갖 해석이 모두 타당하다고 한 사람도 있다. 여느 소설에 익숙한 독자로서는 도대체 무슨 이야기를 하고 있는지 알 수 없는 것, 이런 것 같기도 하고 저런 것 같기도 해 읽는 사람 각자의 판단에 맡길 수밖에 없는 것이 그의 문학이라는 것이다. 〈異邦人〉과 같은 난해한 소설을 쓴 작가로 유명한 카뮈마저도 그의 문학의 특성은 다시 읽기를 강요한다는 것이라고 말했을 정도이니 그의 소설들이 얼마나 해석하기 힘든 것인가를 알 수 있다. 이제 그의 대표작으로 불리는 중편 〈變身〉을 대상으로 그의 작품세계를 살펴보기로 하겠다.

이 소설은 카프카가 그의 나이 29세 때인 1912년에 써서 1915년 라이프찌히에 있는 쿠르트 볼프 출판사에서 간행했다. 앞서 말한 바와 같이 그는 자신이 죽은 뒤 자기의 유고 전부·일기·자신이 쓴 편지와 받은 편지 등 모든 기록물을 소각해 달라는 유언을 남겼었다. 그런데 그때 이미 책으로 간행되어 있은 〈變身〉은 다른 다섯 편의 단편, 〈宣告〉〈火夫〉〈流刑地에서〉〈시골 의사〉〈굶는 광대〉와 더불어 불태우기를 바라지 않은 작품이다. 그것은 그만큼 그가 이 소설에 어떤 의미를 부여했었다는 뜻으로 받아들여도 좋지 않을까 한다.

〈變身〉은 그 스토리 자체가 기이한 것이다. 한 회사의 외판원 그레고르 자므자는 어느 날 아침 뒤숭숭한 꿈에서 깨어 일어나 보니 자신이 한 마리의 커다란 甲蟲으로 변해 있다는 것을 알았다. 가족이 놀라고 직장의 한 상사는 왜 출근을 하지 않느냐고 따지러 왔다가 그 역시 혼비백산, 달아나 버린다. 여동생은 오빠의 불행을 슬퍼하면서 정성스레 돌보아 준다. 그러나 하루하루 날이 가자 주변이 싸늘해진다. 부모는 그를 밖으로 나오지 못하게 그의 방에 감금하고 누이도 쌀쌀해진다. 그는 그 누이를 끔찍이 사랑했었다. 그가 열심히 돈을 번 것도 그녀를 음악학교에 보내 주기 위해서였다. 어느 날 그가 방 밖으로 나오자 화가 난 아버지가 그에게 사과를 던진다. 그 중 한 개가 그의 등에 꽂혀 그는 심한 상처를 입는다. 그래도 가족에 대한 사랑을 버리지 않고 있는 그레고르는 누이가 켜는 바이얼린 소리를 듣고 그 소리가 너무 좋아 방 밖으로 기어 나온다. 부모와 누이는 그런 그를 증오에 찬 눈으로 노려본다. 그런 일이 있은 후 누이가 이제 저것을 없애야 한다고 말한다. 그레고르는 상처를 입은 데다, 그 후로 가족이 식사를 주지 않아 굶주린 끝에 죽고 만다. 가족이 벌레의 시체에 손대기조차 싫어한다는 것을 안 하녀가 그것을 치워 버린다. 이튿날 부모와 누이는 홀가분한 마음으로 교외로 소풍을 나간다. 이상이 이 소설의 줄거리다.

〈變身〉은 아래에서 볼 수 있는 바와 같이 그 시작부터 독자로 하여금 당혹감을 느끼게 하고 있다.

어느 날 아침 그레고르가 뒤숭숭한 꿈에서 깨어났을 때 자기가 침대 속에서 한 마리의 커다란 벌레로 변한 것을 깨달았다. 그는 갑옷처럼 딱딱한 등을 대고 벌렁 누워 있었다. 고개를 조금 쳐들어 보니 껍데기에 활 모양으로 불룩한 거북껍질 무늬를 한 갈색의 배가 보였다. 불룩한 배 위에는 이불이 간신히 덮여 있었으나 그나마 벗겨질 것만 같았다. 커다란 동체에 비해 어이없을 만큼 가느다란 여러 개의 다리가 힘없이 눈앞에 비비적거리고 있었다.

위와 같이 이 소설은 그 때까지의 사건의 추이나 배경 및 인과관계에 대한 한 마디의 설명도 없이 시작되고 있다. 이런 것을 보통 절대적 시작(absolute beginning)이라고 한다. 이와 같은 시작은 그 작품에의 독자의 흡인력이 있다고 할 수는 있겠지만 동시에 독자로 하여금 황당함을 느끼게 하는 것도 사실이다. 거기다 사람이 잠에서 깨어 보니 벌레가 되어 있었다는 이야기 자체도 기이한 것이다. 이는 동물을 의인화한 寓話라 할 수 있다. 寓話는 우리가 오래 전부터 상당히 익숙해 있는 서사장르다. 이솝의 〈寓話〉는 말할 것도 없고 주인공의 동료들이 마녀 키르케에 의해 돼지로 변하고 있는 호머의 서사시 〈오딧세이〉, 妖女에 의해 왕자가 개구리가 되어 버리고 있는 그림 형제의 동화도 그런 것이다. 우리의 고전문학에도 〈장끼전〉 〈토끼전〉 〈두껍전〉 등 동물을 의인화한 寓話小說은 흔하다. 그러한 고대, 전근대의 寓話들은 허구에 의탁한, 당시 사회에 대한 풍자문학이라 할 수 있다.

그런데 〈變身〉의 경우는 그 작품에 내재하는 사회성이 전근대적인 것이 아니라는 점에서 고대, 전근대의 그것과의 차별성을 보여 준다. 그런 점에서 이 소설은 브레히트의 단편 〈만약 상어가 인간이라면〉과 유사한 데가 있다. 이 소설은 현대의 인간을 상어에 비유하면서 인간의 잔혹성, 약육강식의 야만성을 야유하고 있다. 그러나 〈變身〉은 브레히트의 그 단편과도 성격이 크게 다르다. 〈만약 상어가 인간이라면〉이 그 주제를 극명하게 노출하고 있는 반면, 〈變身〉은 이 작품이 말하고자 하는 바를 철저하게 內化, 內面化하고 있다는 점에서 그렇다.

그렇다면 이 소설이 독자에게 전하고자 하는 핵심적인 메시지는 무엇인가에 대해 살펴보아야 할 것이다. 이 소설의 주제에 대해 비평가들은 여러 가지 진단을 내리고 있다. 우선 그 견해들을 들어 보고 최종

판단은 독자 한 사람, 한 사람이 내려야 할 것 같다.

먼저, 이 소설은 현대사회에 있어서 인간과 인간의 단절, 거기서 온 비정성을 말하고 있다는 학설이 있다. 〈變身〉은 가장 아름답고 애정어린 것 같은 인간관계도 사실은 우리들의 迷妄이라 함을 깨우쳐 주는 소설이라는 것이다. 실제로 그레고르가 가족을 위해, 지긋지긋하게 싫은 직장에 나가 돈을 벌어 오고 있을 때, 그의 가족은 그를 사랑으로 대하고 있었다. 그가 벌레로 변한 그 날 아침에도, 그에게 그런 괴변이 일어난 줄 모르고 있은 가족은 모두 그를 따뜻한 마음으로 위해 주고 있었다. 그의 어머니는 시간이 되었는데도 그가 일어나 나오지 않자 방문을 두드리면서 "그레고르야, 여섯시 사십 오 분이다. 너 출발하지 않니?" 하고 부드러운 소리로 묻는다. 아버지도 "그레고르! 그레고르! 대체 어떻게 된 거냐?" 하고 걱정하고 있다. 또 누이동생은 "오빠, 어디가 편찮으세요? 뭐 드릴까요?" 하고 애원하는 목소리로 말한다. 그의 변신을 알고 난 뒤에도 가족, 특히 그 중에서 그의 누이는 정성들여 음식을 가져다 주고 방을 깨끗이 청소해 준다. 그러나 그런 날은 오래 가지 않는다. 아버지는 그를 그의 방에 감금하고 어머니는 더 이상 그를 대하려 하지 않는다. 특히 아버지는 그에게 한 푼어치의 애정도 보여 주지 않는다. 아들 몰래 돈을 감추어 두고 있기도 한 그는 그레고르가 갇혀 있던 방 밖으로 나오자 주머니에 사과를 가득 채우고는 그것을 꺼내 던져 결국 그 중 하나가 그의 등에 꽂혀 심한 상처를 입게 한다. 이 소설 속의 아버지는 카프카의 아버지의 굴절된 수용으로 보인다. 카프카가 쓴 「아버지께 드리는 편지」에 의하면 그의 성장기의 생활은 아버지의 절대적인 권위와 강압, 독선적인 생활 방식, 지배하고 윽박지르고 명령하고 꾸짖는 가혹한 훈육으로 항상 전전긍긍하는 공포 분위기에 가득찬 것이었다. 어쨌든 이 소설에서의 주인공의 아버지는 우리가 일상에서 항상 자식을 위해 주는, 밖으로는 근엄하면서도 자애로운 것으로 알고 있는 아버지와는 거리가 먼 비정하고 냉혹한 사람이다. 그리고, 카프카는 그것이 관습과 윤리란 허울을 벗겼을 때의 인간의 진상이라고 말하고 있는 것이다.

그런 면에서는 주인공의 누이도 마찬가지다. 그녀도 오빠의 불행에 슬퍼하고 걱정하면서 보살펴 주던 것도 잠깐, 시일이 지나자 몰인정한 타인으로 변한다. 아침과 낮에 아무 음식이나 되는 대로 차려서 발끝으로 방안에 밀어 넣었다가 저녁이면 그레고르가 그것을 먹었거나 남겼거나 손도 대지 않았거나 상관하지 않고 비로 쓸어내 버린다. 그리고 그레고르의 집에 들어 있던 하숙인들이 그 집에 괴물이 있다는 것을 알고는 나가겠다고 하자 그레고르를 처치하자고 말한다.

"어머니…… 아버지!" 하고 누이동생은 말을 끄집어내기 전에 손으로 탁자를 쳤다. "이 이상 더 못 견디겠어요. 어머니와 아버지는 아직 사정을 모르시겠지만 저는 잘 알고 있어요. 저는 이런 괴물 앞에서 오빠의 이름을 부르고 싶지 않아요. 그래서 제 말씀은 저것을 없애야 한다는 것이예요. 저것을 먹여 살리려고 참고 견디며 우리들은 인간으로서 할 수 있는 짓은 다 해왔어요. 아무도 우리들을 나무랄 사람은 없어요."

그녀의 위와 같은 말에 아버지는 "그래, 네 말이 맞다."고 동의하고 있고 어머니도 차마 그럴 수는 없다는 말 한 마디 하지 않고 그대로 듣고만 있다. 몸은 벌레로 변했으나 의식은 인간의 그것을 그대로 가지고 있는 그레고르는 누이가 하는 그 말을 모두 듣고 있다. 그는 가족들이 내리는 자신에 대한 사형선고를 듣고 있는 것이니 소름끼치는 일이 아닐 수 없다. 그리고 그레고르가 죽고 난 뒤의, 다음과 같은 장면은 그 비정성이 극적인 것이다.

그리고 나서 세 사람은 함께 집을 나섰다. 몇 달 동안이나 이런 일은 없었다. 전차를 타고 교외로 나갔다. 전차 안에는 오붓하게 그들 세 사람뿐이었다. 따뜻한 햇볕이 찻간으로 흘러 들어왔다. 그들은 편안하게 좌석에 몸을 기대고 장래 일에 대한 이야기를 주고 받았다.

카프카에 의하면 모든 인간의 안식처, 언제나 사랑이 충만해 있는 것으로 되어 있는 가정, 가족이라는 것이 사실은 허상이요 착각이라는 것이다. 오늘날 우리는 오래 중병을 앓고 있는 가족을 버리고 죽이고 하는 일을 드물잖게 보는데 그럴 때마다 이 〈變身〉이 이 세계의 진상을 보여주고 있다는 것을 느낄 수 있다.

다음으로, 이 소설이 현대사회가 인간을 인간 아닌 기계의 부속품, 톱니바퀴와 같은 존재로 전락시키고 있다는 것을 고발하고 있다고 본 사람들이 있다.

〈變身〉에서의 '기계'는 현대사회의 '직업'이라고 할 수 있다. 카프카는 평생 자기가 다니고 있는 직장을 자신을 옭매는 것으로 생각했다. 그 이유 중 가장 큰 것은 그것이 자신이 몰두하고자 열망한 문학과 상충되기 때문이었다. 다시 말하자면 직업이 시간을 뺏아 글쓰기에만 전념할 수 없었기 때문이었다. 그러면서도 그는 직장을 가지지 않을 수 없었다. 그는 폭군과 같이 군림하는 그 아버지의 간섭으로부터 벗어나 살아야 했는데 그럴려면 경제적으로 자립을 하지 않을 수 없었고 자립을 위해서는 생존에 필요한 수입을 주는 직업이 필요했기 때문이었다. 그는 평생 직업에 대한 염오와 그것에 매이지 않을 수 없는 현실에 갈등을 느끼며 살았다. 그것이 〈變身〉에 스토리로, 이미지로 나타나 있는 것이다.

카프카에 있어서 존재한다는 것은 '거기에 있다' 는 의미만이 아니고 '거기에 소속한다' 는 것을 뜻한다. 이 때 '거기' 라는 소속의 장소를 '세계' 라고 한다면 인간은 '세계내 존재' 만이 아니고 '세계 소속' 이어야 한다. 곧 인간이 존재한다는 것은 이 '세계' 안에 존재하고 있음만을 의미하지 않고 이 '세계' 에 소속되어 있어야 함을 의미한다. 따라서 어느 세계에도 소속하지 않은 존재란 있을 수 없다. 그러므로 카프카에 있어서 무소속은 곧 비존재다.

이변이 일어난 그 날 아침, 그레고르는 자신이 벌레가 되었다는 사실도 잊어버리고 침대에 누워 다음과 같은 생각을 한다.

아아, 어째서 나는 이런 고된 직업을 택했던 것인가! 매일같이 여행이다. 사실 상점에서 근무하는 것보다 훨씬 더 힘이 든다. 게다가 여행을 떠나게 되면 열차 접속에 관한 걱정, 불규칙하고 좋지 못한 식사, 언제나 고객이 바뀌어서 오래 계속하지도 못하고 다만 겉으로만 대하게 되어 정도 들지 못하는 그러한 교제에 대한 근심을 면할 수 없다. 지긋지긋하구나.

그에 이어 그는 부모를 위해서 꾹 참아왔지만 만일 그렇지 않았다면 벌써 사표를 내놓았을 것이고, 사장 앞으로 걸어가서 자신이 마음먹고 있는 것을 남김없이 털어놓았을 것이며 그러면 사장이 놀라 책상에서 굴러떨어질 것이라는 생각을 한다. 인간은 그가 소속하고 있는 그 세계의 약속과 도덕을 지키고 그 대가로 그 세계로부터 소속을 허락받는 다. 그때에 비로소 존재할 수가 있다. 그 약속을 어길 때 그는 그것이 죄가 되어 그 세계로부터 추방된다. 그런데 그레고르는 위와 같은 생 각을 가지고 있었고 그것은 바로 그가 소속해 있던 세계의 율법을 어 긴 것이다. 자신의 삶을 갖고 싶다는 그의 생각은 그 세계로부터 추방 되는 대죄가 되어 결국 그는 '비존재' 곧 벌레가 되고 만 것이다. 그러 한 욕망은 특별히 별난 것도 아니고 누구나 한번쯤 해 봄직한 것이지 만 현대사회에 있어서 그것은 용납될 수 없는 것이다. 내 삶을 갖고 싶 다는 것은 다른 말로 해서 자기의 본래성을 회복하고자 하는 자각이 다. 그레고르는 그 때까지 한 가정의 착한 아들, 오빠로서 도리를 다 해 왔으며 사회적으로도 모범적인 시민이었다. 그러나 그것은 다른 한 편 으로 보았을 때 그의 존재가 가족, 사회를 위한 존재이고 자기 자신을 위한 존재가 아니었다는 것을 뜻한다. 그것은 곧 자기 자신과 관계해 야 할 자기가 자신 이외의 것에 관계하는, 자기의 본래성을 상실한 삶 을 살고 있었음을 의미한다. 이는 일종의 전락이라 할 수 있는데 이 전 락에 의하여 인간의 본래성을 포기함으로써 그는 그 때까지 착한 아들 이요 오빠, 모범적인 시민으로서 그 세계에 머물 수 있었던 것이다. 그 러던 그가 마치 누구의 사주라도 받은 것처럼 자신의 전락에 눈을 뜨 게 된 것이다. 그런데 현대사회에서 그와 같은 자각은 심각한, 계율의 위반이다. 현대사회는 그 경제적인 구조의 특성에 의하여 인간을 '직 업' 이란 형태의 메커니즘 속에서 기계의 부속으로만 기능하기를 강요 한다. 현대사회는 인간이 세계, 직업이란 기계 속에서 그 기계의 作動 因으로서만 존재하기를 요구한다. 그와 같은 기능적인 존재형식을 거 부한다는 것은 곧 그가 속한 세계에 반역하는 것이 된다. 기능적인 존재형식을 버리고 인간의 본래성에 대한 자각을 통하여 자기 자신의 삶을 가지려 한 그레고르는 바로 그러한 생각을 갖는 순간 이 사회로부터, 존재를 박탈당하는 징벌을 받게 된 것이다. 인간의 본래성에 대한 각성을 하게 된 그레고르는 현대사회의 유일한 존재형식을 거부한 죄로 존재 아닌 존재, 벌레로 굴러 떨어지고 만 것이다.

현대사회에서는 누구든 그레고르와 같은 반역을 꾀하면 파멸을 맞게 된다. 그것이 실직으로 인한 굶주림일 수도 있고 주변으로부터 냉대와 모멸을 받는 일일 수도 있고 가장 가깝다고 생각했던 사람들로부터 따돌림 당하는 소외일 수도 있다.

카프카는 1915년 이 작품을 책으로 간행한 쿠르트 출판사가 삽화가 오토마르 시타르케라는 사람에게 의뢰하여 甲蟲의 그림을 표제화로 그려 넣으려 했을 때 그 회사의 사장에게 편지를 써, 이를 단호하게 거절했다. 이 편지에서 그는 꼭 그림을 넣고 싶다면 잠겨 있는 문 앞에 서 있는 양친과 지배인, 또는 아주 캄캄한 옆방을 향해 문이 열려 있는데 양친과 여동생의 방은 환히 불이 켜져 있는 양상과 같은 것은 좋지만 벌레 그 자체를 그려 넣어서는 안 되며 먼 거리에서 본 광경으로도 결코 그려 넣어서는 안 된다고 잘라 말하고 있다. 그 이유를 그는 '그 소설에 대한 자연스러운, 보다 더 좋은 식견에서 간청 드리는바' 라고만 하고 더 이상 구체적으로 밝혀 말하지 않고 있다. 현대사회에서 한 개 齒車로서만 기능하지 않고 개별 존재로서의 본래성을 회복하여 자기의 삶을 살려 하는 사람이 받게 되는 징벌, 보복은 앞서 말한 바와 같이 각각 다른 것일 수 있다. 카프카는 이를 '벌레' 가 되는 것으로 포괄적, 상징적으로 그려 보여 주려 한 것이 아닌가 한다.

마지막으로 이 소설에서 찾을 수 있는 의미는 애정이 없는 세계의 황량함, 잔인함을 말해 주고 있다는 것이다. 인간과 인간의 관계에서 애정이 끊어지면 인간은 벌레와 다름없는 존재로 추락하고 만다. 〈變身〉에서 그레고르가 벌레가 되기 전에는 부모와 누이동생, 회사의 사람들과 서로 따뜻한 피가 통하는 사이였다. 그런데 그가 벌레가 되자 곧 모든 사람과의 관계가 두절되고 만다. 이것을 역으로 읽으면 사람은 서로 애정을 가졌을 때 인간이지 그것이 단절되어 버리면 벌레나 다름없다는 의미가 된다. 실제로 카프카가 경험한 제1차 세계대전, 그리고 그의 사후 10여 년 뒤에 일어난 제2차 세계대전 때의, 서로를 용납하려 하지 않고 증오로 맞선 사람들은 어느 동물보다 더 잔인하고 야만적이었다는 것을 보면 그것을 알 수 있다. 그런 의미에서 이 소설은 인류를 향해 던진 천재 작가 카프카의 箴言이라 할 수 있을 것이다.

7. 李箱의 〈날개〉

　〈날개〉의 작가 李箱은 한국 현대문학사에서 많은 논란의 대상이 되어 온 화제의 인물이다. 창백한 얼굴의 특이한 풍모에서부터 생활이나 문학 등 모든 면에서 기이한 면모를 보여, 천재성을 가진 의문의 인물로 거론되는 李箱은 파란만장한 일생만큼 그 문학 세계도 난해한 것으로 알려져 있다.

　1910년, 한일합방이 되던 해에 망국의 비운을 안고 태어난 李箱은 1937년까지 27년이 채 안 되는 짧은 생을 살다 갔다. 그는 문학뿐만 아니라 여러 방면에서 다양한 재능을 타고 난 사람이다. 그는 1929년 경성고등공업학교 건축과를 졸업하고 조선총독부 내무국 건축기사로 취직하여 서울 동숭동에 있던 서울대 교양과정부 건물과 전매청 청사의 설계를 맡았다는 이야기가 전해진다.

　또한 조선건축회 회지 『朝鮮과 建築』의 표지 도안 공모에서 그의 그림이 각각 1등과 3등을 차지했을 뿐 아니라 1931년 제9회 鮮展에 출품한 서양화 〈自畵像〉이 입선되기도 하였다. 그 뒤 朴泰遠의 소설 〈小說家 仇甫氏의 一日〉의 삽화를 그리기도 하는 등 그는 건축 방면뿐만 아니라 회화 부문에서도 뛰어난 재능을 보였다.

　문학인으로서의 李箱은 1930년 조선총독부 기관지 『朝鮮』에 소설 〈十二月 十二日〉을 9회에 걸쳐 연재함으로써 작품 활동을 시작했다.

그 이듬해에는 『朝鮮과 建築』에 시 〈異常한 可逆反應〉을 게재함으로써 시인으로 출발했다. 그러던 그가 문단에서 주목받기 시작한 것은 1934년 『朝鮮中央日報』에 시 〈鳥瞰圖〉를 연재하면서부터다. 기존의 문학 형식과는 판이하게 달랐던 그의 작품 경향은 당시 문단에 큰 충격을 주었다. 그리하여 30회 예정으로 출발했던 것이 독자들의 강력한 항의로 인해 15회로 연재가 중단되고 마는 일대 사건을 만들어 내기도 하였다. 이후 그는 〈날개〉〈지주회시〉〈終生記〉〈逢別記〉 등의 작품을 발표하면서 자신만의 독특한 문학 세계를 형성해 나갔다.

대부분의 그의 작품에는 전통이나 관습, 일상적인 것을 파괴한 반역적인 면모가 뚜렷하게 드러난다. 작품에서 띄어쓰기를 무시하는 한편, 당시에 일상적으로 통용되었던 한글 전용 관행을 무시하고 국한문을 혼용한 것 등이 그것이다. 심지어는 한 단어 안에도 국한문을 혼용한 것을 볼 수 있고 문체에 있어서도 문어체로 회귀하는 역행적인 현상을 보인다. 또한 문학의 전달 수단은 언어라는 기존의 인식에서 벗어나 기호나 도표, 숫자, 공식 등을 사용하는 대담성과 파격적인 면모를 작품에서 드러낸다.

이와 같은 특이성은 작품 경향뿐만 아니라 개인적인 이력에 있어서도 마찬가지다. 李箱의 본명은 金海卿이다. 그는 1932년 『朝鮮과 建築』에 시 〈건축무한육면각체〉를 발표하면서 처음으로 李箱이라는 필명을 사용하였다. 그가 李箱이라는 필명을 사용한 데 대해서는 그 동

李箱 (1910~1937) 시인, 소설가로 본명은 金海卿. 모더니즘의 영향을 받은 것으로 보이는 그의 시와 소설들은 발표 당시 '알 수 없는 글'로 비판의 대상이 되기도 했다. 그러나 그의 작품들은 세월이 지나면서 1930년대의, 시대를 앞선 천재의 문학으로 새롭게 조명을 받고 있다.

안 여러 설이 있어 왔다. 가장 보편적으로 알려진 것은 총독부 기사 시절 공사장에서 인부가 그의 성이 이씨인 줄 잘못 알고 '이상'이라고 부른 것을 그대로 받아들였다는 것이 그것이다. 뿐만 아니라 그가 이름을 바꾼 것은 일종의 스캔들을 일으키고자 하는 다다적 행위라는 설을 비롯하여, 자아의 억압에 억눌려 위기를 느낄 때 요구되는 자아 변형의 욕구에서 비롯되었다는 등 여러 주장이 제기되고 있다. 아무튼 증조부가 正三品이었던 양반 가문에서 태어난 그가 이름을 버린 것, 그것도 성을 바꾸고 있는 것은 특이한 일이 아닐 수 없다.

이름뿐만 아니라 행적에 있어서도 그러하다. 그는 조선총독부 근무 시절 결핵을 앓았다. 병세가 극도로 악화되자 총독부 기사직을 사임하고 배천온천으로 요양을 가게 되는데 거기서도 술과 이성 관계가 끊이지 않는 문란한 생활을 했다. 그는 1937년 일본 東京에서 不逞鮮人으로 지목받아 사상 불온 혐의로 구속되었다. 건강이 더욱 악화된 그는 병원으로 옮겨졌으나 27세의 젊은 나이로 세상을 떠나고 말았다.

이렇듯 특이한 이력을 가진 李箱은 자신의 생애와 마찬가지로 문학 세계 역시 일상을 거부한 반역적인 면모를 뚜렷하게 지니고 있다. 李箱의 작품에서 볼 수 있는 반역성이나 우연성은 그의 문학을 난해한 것으로 규정짓는 하나의 요인이 되고 있다. 그의 생애와 작품에서 보이는 이와 같은 성격은 당시 일본을 통해 우리나라에 유입된 쉬르리얼리즘(sur-realism)의 영향에서 비롯된 것으로 보인다. 문학에 있어서 우연성과 무의식을 중시한 쉬르리얼리즘은 1920년대에 일본에 소개되고 이것이 李箱에 의해 우리 문학에 도입된다. 李箱은 쉬르리얼리즘의 영향을 받아 기성사상에 대한 반역을 드러내는가 하면 상상력을 해방하여 꿈이나 무의식에 의존하는 자동기술법 등을 문학에 원용하였다.

李箱이 남긴 작품 중에서 이 글에서 살펴볼 단편 〈날개〉 역시 이러한 경향을 띤 대표적인 소설이다. 〈날개〉는 1936년 『朝光』 9월호에 발표된 그의 대표작으로, 발표되자마자 찬사와 비판이 동시에 이어진, 큰 논란의 대상이 된 화제작이자 문제작이다.

그 동안 이 소설에 대해서는 리얼리즘을 심화한 소설, 알 수 없는 소설이라고 한 언급이 있는가 하면 도착적 성 문학이라고 한 견해, 사춘기의 습작에 불과한 넋빠진 작품이라고 하는 등 상반되는 다양한 견해가 있어 왔다. 그런데도 불구하고 이 소설은 발표 이후 수십 년의 세월이 흐른 지금까지 계속 읽히고 있고 그에 대한 많은 연구 결과물이 쏟아져 나오고 있다. 이같은 사실은 이 소설이 비록 독자들에게 익숙한 형태의 작품은 아닐지라도 오랜 기간동안 여러 사람에 의해 읽히고 있으므로 개성, 보편성, 항구성을 지닌 한 편의 고전 작품이라 함을 말해 주는 것이기도 하다. 그러면 과연 〈날개〉는 무엇을 말하고 있는 소설인가에 대해 구체적으로 살펴보기로 하겠다.

이 소설은 어느 사창가 창녀와 그 남편의 이야기로 이루어져 있다. 주인공 '나'는 윤락녀에 얹혀 구박을 받으며 살아오다가 더 이상 이런 무기력하고 굴욕적인 삶을 살 수는 없다고 생각하고 결국에는 거기서 뛰쳐나오고 만다는 것이 이 소설의 전체적인 내용이다.

우선, 이 소설은 인간의 내적 현실을 펼쳐 보여 주고 있다는 점에서 한 편의 심리주의 소설이자 자기의 의식을 서술하고 있다는 점에서 자의식소설로도 볼 수 있다. 따라서 얼핏 보기에는 굉장히 난해한 소설로 여겨질는지 모르겠으나 이 소설의 머리말을 제외한, 전체적인 내용을 보면 플롯 전개가 일관적으로 되어 있음을 알 수 있다. 또한 전후의 전개가 크게 뒤바뀌거나 모순을 일으키고 있지도 않다. 곧 〈날개〉는 시간 순서가 복잡하게 얽혀 있는 작품도 아니고, 사건의 추이를 종잡기 어려운 혼란스러운 소설도 아니다. 그럼에도 불구하고 이 소설은 여태껏 많은 사람들에 의해 난해한 소설이라고 언급되고 있다. 이 작품에 대한 그와 같은 생각은 〈날개〉가 무조건 어려운 소설이라는 선입견 때문이 아닌가 한다. 특히 이 소설의 머리말을 제대로 이해하지 않고 읽었기 때문에 더욱 어려운 것으로 받아들여지고 있는 것 같다. 따라서 소설 〈날개〉를 보다 잘 이해하려면 무엇보다 머리말에 대한 이해가 선행되어야 할 것으로 보인다.

소설에서 머리말이란 작품의 첫머리에 내세운 글을 말한다. 일반적으로 머리말이 다른 사람의 말을 빌려 왔을 때에는 foreword라 하고, 작가 자신이 직접 한 말일 때에는 preface라고 한다. 이렇게 볼 때 〈날개〉의 머리말은 preface에 해당된다. 소설의 첫머리에서 작가 자신이 직접 무언가를 이야기한다는 것은 이 소설에 대한 예비 지식을 주는 안내의 역할을 하는 것으로 보인다. 작품 해석의 길잡이라고도 할 수 있는 머리말은 작가가 독자들을 향해 이 소설을 소개하고 있는 것이라 하겠다.

그런데 이 소설의 머리말은 생략, 비유, 역설적 표현 등으로 의미 파악이 상당히 어렵게 되어 있다. 거기에 더하여 이 머리말에는 '꾿빠이'란 인사말이 4번이나 등장하고 있어 더욱 독특한 면모를 보이고 있다. 독자는 이 머리말의 난해함에서 충격과 혼란을 받게 되고 이 낯설음은 독자들에게 화제를 불러일으키기에 충분했을 것이다. 따라서 이는 작가가 독자의 호기심을 끌려는 의도에서 비롯된 것으로도 보인다.

剝製가 되어버린 天才를 아시오?로 시작해서 꾿빠이로 끝나고 있는 이 머리말은 크게 3개의 단락으로 나누어진다.

'剝製가 되어 버린 天才'를 아시오? 나는 愉快하오. 이런 때 戀愛까지가 愉快하오.

肉身이 흐느적흐느적하도록 疲勞했을 때만 精神이 銀貨처럼 맑소. 니코틴이 내 蛔ㅅ배 앓는 뱃속으로 스미면 머리속에 으례히 白紙가 準備되는 법이오. 그 위에다 나는 위트와 패러독스를 바둑布石처럼 늘어 놓소. 可憎할 常識의 病이오.

나는 또 女人과 生活을 設計하오. 戀愛技法에마저 서먹서먹해진, 知性의 極致를 흘깃 좀 들여다 본 일이 있는 말하자면 一種의 精神奔逸者 말이오. 이런 女人의 半-그것은 온갖 것의 半이오-만을 領受하는 生活을 設計한다는 말이오. 그런 生活 속에 한 발만 들여놓고 恰似 두 개의 太陽처럼 마주 쳐다보면서 낄낄거리는 것이오. 나는 아마 어지간히 人生의 諸行이 싱거워서 견딜 수가 없게끔 되고 그만둔 모양이오. 꿋빠이.

인용한 머리말의 첫 단락에서 剝製가 되어 버린 天才는 작가 자신을 일컫는 말이다. 이로써 볼 때 이 소설은 작가 자신의 이야기를 담고 있는 자전적인 작품이라는 사실을 알 수 있다. 당시 작가는 신학문을 공부한 재능 있는 엘리트였으나 시대 상황이나 신병, 경제적 여건 등 여러 가지로 인해 낙백한 모습이 되어 있었다. 그런 그가 백지 위에 위트와 패러독스를 바둑布石처럼 늘어 놓는다는 것은 자신이 할 일은 오직 기지와 역설의 글쓰기뿐이라는 사실을 말해 주고 있다.

거기에다 이 소설에 한 여성을 등장시킨다는 것을 여인과의 생활을 설계한다는 말로 표현하고 있다. 일종의 精神奔逸者로 知性의 極致를 흘깃 좀 들여다 본 일이 있다고 한 것은 이 소설이 자의식을 분석, 서술한 소설임을 말해 주고 있다. 또한 여인의 半만 領受한다는 말은 여주인공이 윤락녀이고 남자 주인공은 아내의 반을 다른 남자들에게 내맡겨 버리고 있다는 뜻으로 해석할 수 있다. 그에 덧붙여 작가는 그런 생활 속에 한 발만 들여 놓고 恰似 두 개의 太陽처럼 마주 쳐다보면서 낄낄거린다고 하고 있다. 이 때 두 개의 태양이란 자아 분열을 뜻하는데, 이를 통해 앞으로 전개될 내용이 자아 분열자의 자조적인 이야기임을 말해 준다. 그러면서 이 소설에 대한 소개를 끝낸다는 뜻으로 꾿빠이라고 인사를 하고 있다.

꾿빠이. 그대는 이따금 그대가 제일 싫어하는 飮食을 貪食하는 아이러니를 實踐해 보는 것도 좋을 것 같소. 위트와 패러독스와……

그대 自身을 僞造하는 것도 할 만한 일이오. 그대의 作品은 한번도 본 일이 없는 旣成品에 依하여 차라리 輕便하고 高邁하리라.
十九世紀는 될 수 있거든 封鎖하여 버리오. 도스토예프스키 精神이란 자칫하면 浪費인 것 같소. 위고를 佛蘭西의 빵 한조각이라고는 누가 그랬는지 至言인 듯싶소. 그러나 人生 或은 그 模型에 있어서 디테일 때문에 속는다거나 해서야 되겠소? 禍를 보지 마오. 부디 그대께 告하는 것이니……
(테잎이 끊어지면 피가 나오. 傷채기도 머지않아 完治될 줄 믿소. 꾿빠이.)

두 번째 단락에서 작가는 다시 '꾿빠이' 라고 인사를 한다. 이는 작별 인사를 한 다음 '자, 그럼' 이라고 한 것으로 받아들이면 될 것이다. 그에 이어지는 글은 깜박 잊은 말을 덧붙인, 편지에서의 追白과 같은 것이다. 여기서 작가는 싫어하는 음식을 貪食하는 아이러니를 실천해 보는 것도 좋을 것 같다고 하고 있다. 이 말은 안이한 재미만 주는 소설이 아닌 난해한 소설을 통해, 쉽게 이해되던 기존의 소설에서 얻지 못한 새로운 재미를 찾을 수 있을 것이라는 뜻으로 받아들일 수 있다.

또한 '그대의 작품은 한 번도 본 일이 없는 旣成品에 의하여 차라리 輕便하고 高邁하리라' 라고 하고 있는 부분에서는, 이러한 소설은 한국의 독자들은 아직 접해 보지 못한 유형이지만 歐美나 일본에서는 오래 전부터 읽혀 온 소설로, 고급한 문예물이라 함을 말하고 있다. 19세기를 봉쇄하라는 것 역시 19세기 식의 구태의연한 소설은 이제 그만 읽는 것이 좋지 않겠느냐는 뜻으로 말한 것이다. 그러면서 도스토예프스키의 소설은 깊은 영혼의 탐색으로 독자에게 지나치게 시간과 정력을 강요하는 낭비에 속하고 위고의 대중 취향의 재미만 주는 소설 역시 읽을 것이 못된다고 하고 있다.

소설의 디테일에 속아서는 안 된다고 한 부분에서는 소설의 사소한 면 때문에 혼란을 일으켜서는 안 된다는 자신의 뜻을 밝히고 있다. 그러면서 단락의 마지막에서 테이프가 끊어지면 피가 나고, 머지 않아 생채기도 완치된다고 하고 있다. 여기서 작가는 기존 소설과의 단절로 혼란을 겪게 되겠지만 이러한 난해한 소설에도 독자는 곧 익숙하게 될 것이라는 말을 하고 있다. 그러고는 덧붙이는 말이 끝났다고 또 한 번 꾿빠이라고 인사를 한다.

感情은 어떤 포우즈. (그 포우즈의 素만을 指摘하는 것이 아닌지나 모르겠소) 그 포우즈가 不動姿勢에까지 高度化할 때 感情은 딱 供給을 停止합네다.

나는 내 非凡한 發育을 回顧하여 世上을 보는 眼目을 規定하였소.

女王蜂과 未亡人—世上의 하고많은 女人이 本質的으로 이미 未亡人 아

닌 이가 있으리까? 아니! 女人의 全部가 그 日常에 있어서 개개「未亡人」

이라는 내 論理가 뜻밖에도 女性에 對한 冒瀆이 되오? 꾿빠이.

위의 인용문은 또 한 가지 잊은 것을 말한 追記로 볼 수 있다. 작가

는 마지막 단락에서 자신의 현실 인식을 드러내고 있다. 이 단락에서

작가는 자신이 세상을 보는 안목을 규정하고 있다. 그것은 당시의 우

리나라 현실이 마치 제 남편을 잡아먹는 악처와 같은, 일본의 식민지

현실임을 말해준다. 다시 말하면 이 시대는 주객이 전도된 일제 치하

의 모순에 찬 현실로, 악처가 가장을 짓밟는 것과 같은 거꾸로 뒤집힌

세계라 함을 상징적으로 표현하고 있다. 그러면서 작가는 마지막으로

다시 한 번 더 작별 인사를 하고 있다.

이상과 같이 〈날개〉의 머리말을 꼼꼼하게 읽어봄으로써 이 소설이

의미하는 바에 더 용이하게 다가갈 수 있다. 이러한 머리말의 안내를

염두에 두고 다시 소설을 읽어 나가면 작가가 궁극적으로 이 소설에서

말하고자 한 바에 도달할 수 있다.

우선 작품을 읽어나가면서 제일 먼저 눈에 띄는 것이 있는데 이는

바로 이 소설의 구성이다. 그것은 주인공의 외출이 여러 번 반복되는

것으로 작품에 드러나 하나의 패턴을 이루고 있다. 패턴이란 한 소설

작품을 전체적으로 통일시키는 미적 양식으로, 플롯 속의 사건들이 되

풀이되면서 의미 있는 반복을 이루는 것을 뜻한다. 〈날개〉에서 주인공

'나'는 다섯 번에 걸쳐 외출을 하고 있다. 이러한 행동의 반복을 통해

서 이루어진 패턴을 간추려 봄으로써 의미를 파악하면 전체 소설의 핵

심적인 의미를 알 수 있다.

이 소설에서 주인공 '나' 는 첫 번째 외출에서는 아내가 준 돈 5원을 가지고 밖에 나갔다 온다. 그러나 돈을 쓰는 기능을 상실한 '나' 는 그 것을 그대로 가지고 일찍 들어오다가, 아내와 낯선 남자가 앉아 있는 것을 본다. 돈 5원을 주고 아내의 방에서 잔다.

두 번째 외출에서 '나' 는 바지 포켓에서 발견된 2원을 가지고 나가 자정을 넘기고 들어오다가 아내와 남자가 대문간에서 이야기하고 있 는 것을 본다. '나' 는 아내에게 2원을 주고 아내의 방에서 자고 이튿날 아내와 겸상으로 밥을 먹는다.

세 번째 외출에서는 아내가 돈을 주면서 늦게 돌아와도 좋다고 한 다. 그러나 비가 오고 추워서 '나' 는 자정을 넘기지 못하고 돌아온다. 그런데 아내가 덜 좋아할 것을 그만 보고 만다. 그 뒤 아내가 감기약이 라고 주는 약을 받아먹었는데 그것이 수면제 아달린이라는 것을 뒤늦 게야 안다.

세 번째 외출까지는 밤에 한 것이었으나 네 번째부터 '나' 는 낮에 외 출을 한다. 네 번째 외출에서 '나' 는 남은 아달린 6알을 가지고 나가 공원에서 그것을 다 먹고 잔다. 잠에서 깨어 집에 들어가다 절대로 보 아서는 안 될 것을 보고 만다. 아내는 '나' 의 멱살을 잡고 함부로 물고 때리고 꼬집는다.

그리고 마지막으로 '나' 는 포켓 속에 남아 있는 돈을 모두 꺼내 두고 그 집에서 아주 나와 버린다.

이상에서 다소 장황하게 주인공 '나' 의 외출의 되풀이를 살펴보았 다. 그 결과 이 소설에는 '나' 의 외출이 되풀이됨에 따라 주변에 여러 가지 변화가 일어나고 있음을 알 수 있다. 외출을 통해 '나' 는 아내의 정체를 알게 된다. 그 동안 아내의 직업이 무엇인지 모르고 있던 내가 네 번째 외출에서 귀가하면서 아내가 창녀라는 사실을 알게 된다.

다음으로는 외출이 되풀이됨에 따라 '나'와 아내의 관계가 점차 변화한다. 처음에 '나'는 아내의 남편 역할을 제대로 하지 못하고 아내에 의해 사육 당하는 존재였으나 외출을 시작하고부터는 점차 아내를 소유하는 남편의 자리에 서려 하고 있는 것에서 그러한 사실을 알 수 있다.

또 외출을 통해 내가 차츰 광명을 지향하고 있다는 사실을 알 수 있다. 33번지의 햇빛이 안 드는 골방에서 밝은 거리로 나오는 것이 그러하고, 밤에만 하던 외출이 나중에는 낮에 하는 것으로 변화되고 있는 면에서 그것을 알 수 있다. 그리고 외출이 되풀이되면서 낮은 곳에서 점차 높은 곳을 지향하는 있는 것도 그렇다. 네 번째 외출에서는 산으로 올라가며 마지막 외출 때에는 미스코시 옥상으로 올라가는데, 이는 주인공의 정상을 회복하려는 의지를 상징적으로 표현한 것으로 볼 수 있겠다.

다음으로 외출이 되풀이됨에 따라 사물들이 점차 본래의 기능을 회복함을 알 수 있다. 처음에 '나'는 사물을 확대해서 보는 돋보기를 햇빛을 모아 휴지에 불을 붙이는 노리개로 사용한다. 유통 수단인 돈 역시 만지는 촉감을 즐기고 저금통에 넣을 때 나는 소리를 듣는 등 장난감으로 가지고 논다. 거울 또한 자신을 비춰 보는 것에 쓰기보다 반사광 쫓기의 놀이에 쓸 뿐이다. 그러던 것이 돈으로 커피를 사 마시고 거울에 비친 자기를 보고 자신의 참담한 현실을 깨닫는 등 외출이 되풀이됨에 따라 사물을 점차 제 용도에 쓰기 시작한다. 이는 주변 세계가 차츰 정상을 되찾는 것을 암시한다. 특히 거울을 보고 자신을 직시함으로써 자아를 인식하는 데에 이르게 되는데, 이 때 거울은 자기 분열이 아닌 자기 응시의 도구로 이 소설에서 중요한 역할을 하고 있다.

마지막으로 외출의 되풀이에 따라 분열되어 있던 자아가 통일되어 감을 볼 수 있다. 사육 당하는 존재로 살았던 '나'와 인간다운 삶을 찾고자 하는 '나', 곧 분열되어 있던 내가 밝은 세상의, 본래의 '나'를 회복하려 한다. 특히 네 번째 외출에서 스스로 수면제를 먹고 죽음과 같은 잠에 빠지는데 잠에서 깨어난 '나'는 새로이 태어나 본래성을 회복하기에 이른다.

그리하여 다음과 같은, 이 소설의 마지막 장면에서 작가는 매우 상징적인 의미를 제시한다.

이때 뚜우 하고 정오 사이렌이 울었다. 사람들은 모두 네 활개를 펴고 닭처럼 푸드덕거리는 것 같고 온갖 유리와 강철과 대리석과 지폐와 잉크가 부글부글 끓고 수선을 떨고 하는 것 같은 찰나, 그야말로 현란을 극한 정오다.

나는 불현듯이 겨드랑이가 가렵다. 아하, 그것은 내 인공의 날개가 돋았던 자국이다. 오늘은 없는 이 날개, 머리 속에서는 희망과 야심의 말소된 페이지가 딕셔내리 넘어가듯 번뜩였다.

나는 걷던 걸음을 멈추고 그리고 어디 한 번 이렇게 외쳐보고 싶었다.

날개야 다시 돋아라.

날자. 날자. 날자. 한번만 더 날자꾸나.

한 번만 더 날아 보자꾸나.

소설의 마지막 장면에서 뚜우 하고 정오를 알리는 사이렌이 울린다. 정오는 시계의 시침과 분침이 겹쳐 하나가 되는 시간이다. 사이렌이 울리는 순간 그는 비로소 미망에서 깨어나 본래의 통일된 자아를 회복하고 전도된 세계는 바로 잡혀 정상을 되찾게 된다. 따라서 정오를 알리는 소리는 분열되어 있던 자아의 통일을 상징하는 것이라고 볼 수 있다. 뿐만 아니라 주인공은 날개여 다시 돋아라, 다시 한 번 날아보자고 한다. 이는 주인공이 폐쇄되고 어두운 방에서의 탈출로부터 시작하여 분열된 자아가 하나로 통일되어 새로운 탄생을 하게 되는 부활을 의미한다. 이는 주인공이 정상을 되찾으려 하고 있음을 의미하는 것으로 바로 당시의 잘못된 세상의 정상 회복을 촉구하는 작가의 목소리라 할 수 있다.

이상에서 살펴본 바에 의하면 이 소설의 주제는 비본래적 자아가 본래적 자아를 찾아 자아의 통일을 이룩하는 과정을 보여 주는 것이라고 할 수 있다. 또한 이 작품은 작가가 살아가는 어두운 현실에 대해 비판을 가함은 물론, 정상 세계로의 복귀의 당위성을 주장하는 소설로 볼 수 있다. 〈날개〉는 비록 비정상적인 남녀 관계를 소재로 다루고는 있으나 단순한 섹스소설이 아니며 그렇다고 지나치게 난해하기만 한 소설도 아니다. 이는 어두운 세계에서 비정상적인 삶을 살고 있던 한 인간이 밝은 세계, 정상의 세계로 탈출해 나오는 과정을 그리고 있는, 한국 문학사에 있어서 한 편의 고급한 소설이라 할 것이다.

8. 李泰俊의 〈가마귀〉

尙虛 李泰俊은 한국 문학사에서 金東仁이나 玄鎭健의 뒤를 이은 뛰어난 작가로, 근대적인 단편소설의 완성자로 불리고 있다. 그러나 그는 월북 작가라는 이유로 인해, 그의 작품은 공산주의 이데올로기와는 하등의 관계가 없는데도 불구하고 오랜 기간 동안 그늘에 가려진 채 빛을 보지 못했다. 그러던 그의 문학이 1988년 해금과 동시에 출판과 연구가 가속화되어 지금은 많은 사람들의 관심과 사랑을 받아 오고 있다.

「문장강화」로 우리에게 널리 알려진 李泰俊은 소설뿐만 아니라 수필, 희곡, 평론, 아동문학에 이르기까지 다양한 분야에 걸쳐 많은 역작을 남기고 있다. 한국 순수문학의 기수로 평가받는 그의 작품 세계의 면면을 볼 때 그의 월북은 작가 개인의 불행을 자초한 것일 뿐만 아니라 문학사적 측면에서도 큰 손실이 아닐 수 없다. 그만큼 그의 작품의 성과와 문단에서의 비중은 크다고 하겠다.

李泰俊은 1904년 江原道 鐵原에서 태어났다. 당시 개화파의 일원으로 활약했던 아버지가 친일파로 몰려 의병들에게 뭇매를 맞은 끝에 세상을 떠나고, 갑작스럽게 어머니마저 죽어 그는 어린 나이에 고아가 되었다. 이후 그는 여러 친척집을 전전하고 元山의 객주집 심부름꾼으로도 일하는 등 불우한 소년기를 보냈다.

1921년 徽文高普에 입학한 李泰俊은 학예부장으로 활동하면서 교지에 글을 발표하면서부터 문학에 대한 자신의 꿈을 펼쳐 나갔다. 그러나 그는 그 학교 재학 당시 학교 재단의 비리 문제로 일어난 동맹휴학을 주도했다는 이유로 퇴학을 당하고, 친구의 도움을 얻어 일본으로 건너가 고학을 시작했다. 그 무렵 『朝鮮文壇』에 투고한 단편 〈五夢女〉(1925)가 입선됨으로써 본격적으로 문학 활동을 시작하게 되었다.

1926년에는 東京 上智大學에 입학했으나 이듬해에 자퇴하고 귀국한 후에는 『開闢』『中外日報』『朝鮮中央日報』 등의 기자로 근무하는 한편, 활발한 문필 활동을 전개해 나갔다. 현재 그를 한국 최고의 단편 작가로 자리매김하게 해 준 〈돌다리〉〈고향〉〈복덕방〉〈꽃나무는 심어 놓고〉〈촌띄기〉 등 주옥같은 단편들도 거의 대부분이 이 시기에 창작된 것이다.

李泰俊은 1939년에는 『文章』지의 편집을 맡아 신인 작가들을 문단에 배출하는 등 신인 발굴에도 힘써 왔다. 그러던 그가 해방 후 1946년에 洪命憙와 돌연 월북해 우리 문단에서 자취를 감추고 말았다. 월북한 후에도 계속 작품 활동을 해 왔지만, 사상 문제로 신문사 인쇄공, 탄광 노동자 등을 전전하다 결국 숙청당해 비참한 최후를 맞은 것으로 알려져 있다.

그는 비록 시대적으로 어려운 환경 속에서 작품 활동을 했고 불우한 생을 살다간 작가이기는 하지만 그의 작품에서의 서정성과 예술적 성과는 널리 인정받고 있다. 특히 단편소설에서 그러한 면모를 잘 살펴볼 수 있는데 그의 대표적인 단편으로 〈가마귀〉가 있다. 〈가마귀〉는

李泰俊 (1904~ ?) 江原道 鐵原 생으로 호는 尚虛. 1925년 단편 〈五夢女〉로 문단에 나온 그는 한국 근대 단편소설의 완성자로 불리고 있다. 그는 1946년 洪命憙의 권유로 월북했는데 그 후 숙청당해 죽은 것으로 전해지고 있다.

1936년 『朝光』지에 발표된 작품으로 아름다움을 극도로 추구한 성향을 띠고 있는, 한국의 대표적인 탐미주의 소설이다.

일반적으로 탐미주의(aestheticism)란 유미주의, 심미주의, 예술지상주의라고도 불리는 예술상의 한 경향을 말한다. 이는 1850년 경 서구에서 쓰이기 시작한 용어로 어떤 특정한 운동이라기보다는 하나의 폭넓은 경향을 두루 지칭하는 말로 사용되어 왔다.

탐미주의 예술 경향은 칸트의 철학에 바탕을 두고 있다. 칸트는 아름다움이란 목적 없는 합목적성을 가진 것으로 무목적성의 목적성, 사심 없는 관조(disinterested contemplation)의 세계라고 했다. 칸트의 이와 같은 견해에 의하면 예술은 윤리적·종교적·도덕적 가치에 근거하기보다는 다만 즐거움을 주는 가치만을 가진 것이다. 따라서 탐미주의는 예술이 가지는 교화, 교시적인 기능을 버리고 즐거움을 주는 쾌락 기능만을 주로 취한다.

탐미주의자들에 의하면 예술은 삶과 아무런 관련이 없으며 도덕적 의미를 전혀 함축할 수가 없다고 한다. 그렇기 때문에 예술작품에서 사상이나 주제는 가볍게 처리되고 형식을 보다 중요시하는 경향을 띤다. 곧 관념과 도덕이 제거된 예술세계가 탐미주의 소설로, 이러한 세계에서 삶은 투쟁이 아닌 구경거리로 파악된다.

이제 위와 같은 기본적인 속성에 비추어 〈가마귀〉의 탐미주의 소설로서의 특성을 살펴보기로 하겠다. 〈가마귀〉의 스토리는 비교적 간단하다. 이 소설은 고풍스러운 분위기를 풍기는 어느 시골의 겨울 산장을 배경으로 하고 있다. 작품을 쓰기 위해 친구의 산장을 빌려 들어간 소설가는 그 곳에서 결핵을 앓고 있는 아름다운 한 여인을 알게 된다. 까마귀 울음소리가 들리자 그녀는 그 소리가 자신의 죽음을 재촉하고 있다면서 무서워한다. 그녀는 꿈에 까마귀 뱃속에 든 부적과 칼, 시퍼런 불을 보았다고 그에게 공포를 호소한다. 소설가는 그녀를 죽음의 공포감에서 벗어나게 하기 위해 까마귀도 다른 날짐승과 마찬가지로 뱃속에 내장이 있을 뿐이라는 사실을 확인시켜 주려 한다. 그는 활로 까마귀를 잡아 배를 갈라 놓고 기다리나 그녀는 끝내 나타나지 않는다. 어느 날 까마귀 울음소리가 들린 뒤 영구차 한 대가 나간다. 그녀가 죽은 것이다.

우선 무엇보다도 이 소설을 잃으면 어떠한 특정 주제를 발견해 내기가 어렵다. 소설에서 주제란 그 소설의 요점, 핵심적인 의미라고 할 때 이 작품의 경우에는 뚜렷하게 '주제는 이것이다.' 라고 말하기가 쉽지 않다. 굳이 말하자면 '공포와 고독 속에 죽어 가는 한 여인에 대한 이야기' 정도로 말할 수 있을지 모르겠으나 이는 한 편의 소설의 주제라 하기에는 무언가 부족하다는 느낌을 받게 된다. 따라서 이 소설의 경우에는 주제를 찾아낸다기보다는 어디에서 이 소설의 아름다움을 발견할 수 있는가를 알아보는 것이 더 좋으리라 생각된다. 작가는 이 소설을 통해서 독자에게 어떤 강한 메시지를 전달하고자 하는 특정 주제를 구현하기보다는 작품 자체에서 우러나오는 아름다움을 묘사하는 데 역점을 두고 있는 것으로 보이기 때문이다. 이는 이 소설이 도덕적 교훈이나 교화, 주제를 중시하는 경향과는 거리가 멀고 예술을 위한 예술을 추구하는 탐미주의의 속성에 그대로 부합하는 요소라 하겠다. 이 작품은 슬프고도 아름다운 영상미를 추구하는 것으로부터 출발한다. 이를 위해 작가는 이 소설의 분위기를 통해 아름다움을 느끼게 해 준다. 분위기란 일종의 情調(feeling), 곧 감정적인 냄새와 같은 것으로 소설의 전체적인 느낌이나 기분을 의미한다. 특히 〈가마귀〉에서 작가는 이 소설 전편에 흐르는 분위기 묘사를 통해 독자에게 미적 쾌감을 가져다 주고 있다.

일반적으로 소설에서 분위기를 형성해 주는 가장 기본적이고도 중요한 요소로 배경을 들 수 있다. 보통의 소설들이 작품의 첫머리에서 배경을 소개해 주는데, 이 소설도 마찬가지다. 현실과 거리를 둔 어느 쓸쓸한 시골의 외딴 산장이 배경으로 설정되어 있는 다음의 글에서 이 소설의 전체적인 분위기를 읽을 수가 있다.

밖으로도 문우에는 추성각(秋聲閣)이라는 추사(秋史)체의 현판이 걸려 있고 양쪽 처마끝에는 파—랗게 녹쓸은 풍경이 창연하게 달려있다. 또 미닫이를 열면 눈아래 깔리는 경치도 큰 사랑만 못한 것 같지 않으니 산기슭에 나부죽이 섰는 수각과 그 밑으로 마른 연닢과 단풍이 잠긴 연당이며 그리고 그 연당언덕으로 올라오면서 무룡석으로 산을 모으고 잔디밭 새에 길을 돌린 것은 이 방에서 나려다보기가 기중일 듯 싶었다. 그런데다 눈을 번뜻 들면 동편하늘이 시퍼렇게 틔이고, 그 한편으로 훤칠한 늙은 전나무 한채가 절벽처럼 가려섰는 것이다. 사슴의 뿔같이 썩정기가 된 상가지에는 히끗히끗 새똥까지 무치어서 고요히 바라보면 한눈에 태고(太古)가 깃드리는 듯한 그윽한 경치였다.

소설 전체의 공간적 배경을 알려 주는 위의 내용을 보면 한적한 시골 외딴 산장, 처마에 녹슨 풍경이 달린 고가에는 마른 연잎이 뜬 못, 잎이 떨어진 오래된 전나무 등이 있어 마치 한 폭의 풍경화를 보고 있는 듯한 느낌을 준다. 이는 이 소설의 독자로 하여금 그윽한 아름다움을 직접적으로 느끼게 하는 주된 요소라 하겠다.

공간적 배경과 더불어 시간적 배경도 마찬가지로 이 소설의 분위기를 형성하는 데 한몫을 하고 있다. 작가는 계절적 배경을 한겨울로 설정하고 있다. 이는 한 해의 마지막으로, 사람에 비유하면 생의 종말, 곧 여인의 죽음을 상징한다. 뿐만 아니라 소설 전편에 걸쳐 시간도 오후, 황혼 무렵으로 설정하고 있다. 그녀가 소설가에게 자신의 죽음에 대한 공포를 이야기하는 때, 까마귀 울음소리에 강박 관념으로 시달리고 있을 때, 그리고 소설의 마지막에서 영구차가 나가는 시간도 오후 황혼 무렵이다. 황혼 무렵은 인간의 생 전체를 두고 볼 때 어둠이 다가오는 시간, 곧 죽음을 앞두고 있는 시간을 상징하여 슬프면서도 애잔한 아름다움을 느끼게 해 준다.

이 소설의 분위기 형성에 기여하는 것은 배경 뿐만 아니라 다음과 같이 인물에 있어서도 마찬가지다.

여자는 잊어버린 듯 오래도록 햇빛만 쏘이고 서 있다가 어디선지 산새 한 마리가 날러와 감나무 가지에 앉는 것을 보더니 그제야 삽분 발을 떼어 놓았다. 머리는 틀어올리었고 저고리는 노르스름한 명주빛인데 고동색 쩨-타를 아이 업은듯 두 소매는 앞으로 느러트리고 등에만 걸치었을 뿐, 꽤 날씬한 허리 아래엔 옥색치마 자락이 부드러운 물결처럼 가벼운 주름살을 일으키었다. 빨간 단풍잎 하나를 들었을 뿐, 고요한 아츰 산보인 듯하였다.

작품 속의 여인은 노란 저고리에 고동색 스웨터를 걸치고 옥색 치마를 입고 있다. 손에는 빨간 단풍잎을 들고 있는 등 작가는 여인의 외양을 다양한 색채어를 구사하여 감각적으로 그리고 있다. 이를 통해 독자로 하여금 실제로 여인을 보고 있는 듯한 느낌을 받게 하거나 한 폭의 그림을 보고 있는 듯한 착각을 불러일으키게 한다. 여인의 옷차림 묘사에서도 아름다움이 느껴지지만, 그녀의 얼굴 또한 다듬은 듯한 이마, 고요한 눈결, 꼭 다문 입술 등 그 모습을 구체적으로 세세하게 묘사하여 독자로 하여금 아름다운 여인을 직접 대하는 듯한 느낌을 받게 한다.

이 소설에서는 인물에 대한 묘사 뿐 아니라 소설 전편에서 뚜렷한 색채어를 감각적으로 구사하고 있는 데서도 분위기 형성에 도움을 주고 있다. 특히 주인공이 까마귀를 잡는 다음과 같은 장면에서는 뚜렷한 색채의 대비를 통해 아름다움과 사실성을 얻고 있다.

푸드득 하더니 날기는 다 날었으나 한놈이 쭉지에 살이 박힌 채 이내 그 자리에 떠러졌고 다른 놈들은 까악까악 거리면서 전나무 꼭대기로 올라갔다. 그는 황망히 신을 끄을며 떠러진 놈을 쫓아들어가 발로 덮치려 하였다. 그러나 가마귀는 어느틈에 그의 발 밑에 들지 않고 훨적 몸을 솟구어 그 찬란한 핏방울을 눈우에 휘뿌리며 두다리와 한날개로 반은 날고 반은 뛰면서 잔디밭 쪽으로 덥풀덥풀 달아났다. 이쪽에서도 숨차게 뛰어 다우쳤다. 보기에 악한과 같은 짐생이었지만 그도 한낱 새였다. 공중을 잃어버린 그에겐 이내 막다른 골목이 나왔다. 화살이 그냥 박힌 채 연당으로 나려가는 도랑창에 거꾸로 박히더니 쌕-쌕- 하면서 불덩어리인지 피방울인지 모를 두 눈을 뒤집어뜨고 찍개같은 입을 딱 벌리며 대가리를 곧추 들었다. 그리고 머리우에서는 다른 놈들이 전나무에서 나려와 까악거리며 저이 동무를 그여히 구하려는 듯이 나추 떠돌며 덤비었다.

소설의 배경으로 설정된 겨울 산장에는 흰 눈이 내려 쌓여 있다. 더

구나 주인공이 활을 쏘아 까마귀를 잡는 위의 장면에서 흰 눈 위에 붉은 피를 흩뿌리며 날아가는 까마귀를 통해 눈의 흰색(白), 까마귀의 검은색(黑), 피의 붉은색(赤)이라는 원색이 선명하게 대비되어 사실감을 더해 주고 있다. 소설의 마지막 장면에서도 흰 눈길 위로 영구차가 지나가고 검은 승용차가 뒤따르고 그녀의 약혼자가 흰 손수건을 꺼내어 눈물을 닦는다. 이 역시 흑백의 선명한 대조를 작가가 의식적으로 구사하여 아름다움을 더하면서 소설의 분위기 묘사에 기여하고 있는 것이라 하겠다.

결국 〈까마귀〉의 배경을 이루는 주된 색채는 흑백의 대비로 크게 나누어 볼 수 있다. 소설 전편에서 내리는 눈의 백색은 순수, 청결, 소박, 순결, 정직, 백의, 공포 등을 상징한다. 따라서 이 소설에서 흰색은 여인의 죽음에의 공포를 상징하면서도 그 주변에서 느껴지는 아름다운 정서를 독자에게 전해 주고 있다. 까마귀나 검은 자동차 등 이 소설에 많이 등장하는 검은 색은 허무, 절망, 정지, 침묵, 부정, 죄, 주검, 암흑, 불안, 흑장미 등을 상징한다. 이로써 볼 때 이 소설에서의 검은 색은 죽음과 함께 흑장미가 상징하는 음울한 아름다움을 느끼게 해 준다.

한편, 색채의 대비에 의한 영상적인 아름다움과 더불어 대조적인 심상을 나타내는 감각적 언어를 거침없이 구사하고 있는 문체의 사용에서도 이 소설의 분위기를 느낄 수 있다. 여인의 죽음을 암시하기 위해 죽음과 관련된 이미지를 나타내는 어휘들이 구사되고 있는데 피, 각혈, 병, 약, 시체, 묘지, 망령, 영구차 등의 단어가 소설의 처음부터 끝까지 지속적으로 등장하고 있는 것이 그것이다.

그 반면 죽음의 이미지와 대조되는 밝음과 생명의 상징어들을 구사하여 완전한 어두움으로 치닫지 않고 전체적인 아름다움을 느끼게 하고 있는 것을 볼 수 있다. 예를 들어 여주인공이 죽음을 생각하는 데 있어서도 그것을 꽃밭에 뛰어드는 것으로 생각했다든가 서양의 묘지는 공원처럼 아름답다고 한 것, 또 자기가 죽고 난 뒤에는 하얀 말과 하얀 마차에 실려 가는 것이 좋겠다는 말 등에서 죽음을 나타내는 데에도 어두운 이미지로 시종하기보다는 밝은 느낌을 주는 따뜻한 이미지를 동원하고 있음을 알 수 있다.

이 소설은 탐미주의 계열의 시인 에드가 앨런 포우의 영향을 받고 있는 것으로 보인다. 포우에 의하면 아름다움은 그것이 가장 감동을 주는 순간에 슬픔의 빛을 띤다고 한다. 그는 자신의 시 〈Raven〉을 쓰면서, 최상의 효과를 거두기 위해서는 시의 어조가 멜랑콜리의 어조라야 한다면서 시에서 후렴을 이용한다. 그는 최대한으로 음악적 고려를 하여 후렴은 한 개의 낱말로 되어야 한다고 하고 시의 각 연 끝에 nevermore라는 단어를 되풀이하여 후렴으로 하고 있다. 이런 후렴이 힘을 발휘하려면 그 음이 울리는 한편 지속적인 강세가 있어야 하므로 그는 모음 O와 자음 R을 섞어 쓰고 있다.

〈가마귀〉에서는 포우의 이와 같은 후렴 효과를 충분히 발휘하여 까마귀의 울음소리를 GA 아래 R이 한없이 붙은 발음이라고 하면서 그러한 울림을 지속적으로 택하고 있다. 그것은 곧 이 소설에서 까마귀 울음소리가 세 번 뚜렷하게 들리는 것으로 나타난다. 까마귀 소리가 나자 아름다운 여인이 등장하고 다시 까마귀 울음소리가 나자 그녀에게 죽음에 대한 공포가 생긴다. 마지막으로 소설의 말미에서 영구차가 나가기 직전에 또다시 까마귀 울음소리가 들린다. 이 때의 울음은 사람이 죽었을 때 부르는 초혼 소리, 조곡, 진혼곡과 같은 슬픈 여운을 가져다 준다. 작품 분량이 비교적 적은 이 소설에서 까마귀의 울음소리를 되풀이하여 등장시키고 있는 것은 작가가 그 나름의 효과를 얻기 위한 것으로 보인다. 까마귀 울음소리의 되풀이로 느낄 수 있는 청각적 영상미를 통해 소설의 미적 분위기를 형성시켜 주고 있기 때문이다.

결국, 이 소설에서 작품의 배경이나 인물의 외양, 문체의 감각적인 사용, 청각적 영상의 활용 등으로 작가는 작품에서 아름다움을 최대한으로 추구하고 있다. 이는 순수 탐미주의적 경향을 나타내는 작품을 두고 그림이요 음악이지 그 이상의 아무것도 아니라고 한 언급과 그대로 통한다고 하겠다. 실제로 〈가마귀〉에서 느낄 수 있는 시각적 영상미나 까마귀 소리를 통해서 느낄 수 있는 청각적 효과는 그림, 음악의 그것을 그대로 나타내어 주기 때문이다. 특정한 주제를 중점적으로 부각시키기보다는 아름다움을 최대한 추구하려고 하는 이 소설의 경향으로 보아 〈가마귀〉는 문예사조상 한 편의 탐미주의 소설로서의 성격을 뚜렷하게 지니고 있는 작품이라고 할 수 있다.

지금까지 한국의 탐미주의 소설에 관한 논의가 있을 때면 金東仁의 〈狂畵師〉나 〈狂炎 소나타〉가 마치 한국 탐미주의나 예술지상주의 소설의 전범인 것처럼 이야기되어 왔다. 金東仁의 위의 작품들이 당시 우리 문학의 현실에서 예술을 위한 예술이나 아름다움에 대한 추구 경향을 보인 첫 시도였기에 그러한 평가가 이어져 왔으리라 생각된다. 실제로 金東仁은 한국 소설사에서 문학의 예술성과 독자성을 본격적으로 옹호했던 사람으로, 그 동안 탐미주의, 유미주의, 예술지상주의적 경향의 작품을 발표해 왔다는 점에서 자주 논의의 대상이 되어 온 사람이다.

그러나 그의 위와 같은 작품은 탐미주의에 대한 첫 시도로는 의미가 있을지 모르나 엄밀한 의미에서 보면 본격적인 탐미주의 소설이라 하기에는 많은 점이 부족한 것으로 보인다. 〈狂畵師〉는 세상으로부터 버림받은 천재 화가 솔거가 소경 처녀를 모델로 하여 미인도를 완성한다는 내용의 소설이다. 솔거는 죽은 어머니를 그리워하다 아름다운 소경 처녀를 만나 미인도를 다 완성해 갈 무렵, 그녀와 동침을 하게 된다. 그후 그녀의 눈은 전날의 아름다움을 잃고 만다. 이 때문에 화가는 분노하게 되고 처녀를 죽음에까지 이르게 한다. 특히 소설의 결말부에서 분노한 화가의 광포한 행위에 처녀가 넘어지면서 벼루의 먹물이 튀어 미인도의 눈동자가 찍히어 그림이 완성되는 것으로 그리고 있다.

소설에서는 때로 우연성이 개입되면 흥미를 더해 주기는 하나, 이 소설에서 보여 주는 이와 같은 지나친 우연성은 그럴듯함보다는 오히려 작위성을 드러내어 독자들에게 실망감을 안겨 준다. 작가가 오직 한 편의 예술작품을 통한 아름다움의 추구에만 몰두하다 보니 억지스러움이 드러난 결과를 초래하고 만 것이다.

〈狂炎 소나타〉 역시 마찬가지다. 이 소설은 천재 음악가 백성수의 특이한 작곡 과정을 이야기하고 있는 작품이다. 주인공은 작곡이 안 될 때 자극을 받기 위해 불을 지르거나 살인을 하는 등 그의 행위가 지나치게 광포하다. 이 소설에서 작가가 보여 주고 있는, 광기를 불러 일으키는 자극을 받아야 불후의 명곡이 나온다는 생각은 예술가가 위대한 예술을 위해서 행한 것은 어떠한 행위라도 죄악이 아니라는 지나친 극단 논리에서 비롯되었다고 할 수 있다.

그리고 이 소설은 그 천재 음악가에 대해 음악 비평가와 사회 교화자가 견해의 차이를 보이는 대목에서 작가의 의도인 예술 옹호론을 주장하고 예술의 우월성을 강조하고 있다. 독자는 어떠한 작품이든지간에 작품을 읽으면서 예술의 우월성을 설득당하는 것이 아니라 작품 자체에서 스며 나오는 미적 쾌감, 즉 예술성을 자연스럽게 느낄 수 있어야 한다. 그런데 金東仁의 소설에서는 작가가 예술지상주의를 독자들에게 설득하고자 하는 도구로 사용했을 뿐 이야기 자체에서 예술적 감흥을 자연스럽게 느낄 수 있는 미의식은 보여 주지 못하고 있다. 서구의 탐미주의라는 예술 사조를 접한 金東仁이 자신도 그러한 경향의 작품을 써 보려는 동기에서 작품을 쓰기는 했겠지만, 그 결과는 탐미주의 소설이라기보다는 탐미주의란 어떠한 것이냐를 가르치려는 계몽 목적을 가진 것이 되고 말았다.

이러한 사실로 볼 때 金東仁의 작품을 두고 한국 탐미주의 소설의 전형으로 평가하는 기존의 논의는 재고되어야 하리라 생각된다. 金東仁의 이들 작품들은 우리 소설의 역사상 비교적 이른 시기에 탐미주의라는 예술 경향을 실험한 작품이라는 데서 의의를 찾을 수 있다면, 작품성과 예술성을 고려해 볼 때 李泰俊의 〈가마귀〉는 우리나라의 본격적인 탐미주의 소설이라 할 수 있겠다. 李泰俊의 작품에는 굳이 탐미주의가 어떤 것이냐 하는 억지스러운 이론 소개가 나타나 있지 않을 뿐만 아니라, 이 소설을 읽으면 독자는 아름다움에의 찬미를 강요당하지 않고 자연스럽게 한 편의 예술품을 감상하는 듯한 느낌을 받게 되기 때문이다. 그런 의미에서 보면 李泰俊의 〈가마귀〉는 한국 문학사에서 한 편의 본격적인 탐미주의 소설로 당당하게 자리매김되어야 할 것이라고 생각된다.

9. 알베르 카뮈의 〈異邦人〉

　〈異邦人〉의 작가 알베르 카뮈는 1913년, 18세기경 북아프리카로 이민간 프랑스계의 아버지와 스페인계의 어머니 사이에서 태어났다. 그는 제1차 세계대전에 출전한 아버지가 전사한 후 유소년 시절을 어머니, 외조모와 함께 가난하게 살았다. 교수가 되려던 그는 폐병으로 그 꿈을 접고 자동차 부속 판매원, 선박 仲買人, 신문기자 등의 직업을 전전하면서 문학에 뜻을 두었다. 그는 제2차 세계대전 때는 파리에 잠입하여 레지스탕스 운동에 뛰어들어 비밀 저항조직지 『콩바』의 리더로 활약하기도 했다.

　1940년에 써서 2년 뒤에 간행한 중편 〈異邦人〉은 29세의 청년 카뮈를 일약 파리 문단의 혜성이 되게 했다. 사르트르가 이 소설을 격찬했고 롤랑 바르트 같은 사람은 이 작품의 출현이 건전지의 발명 못지 않은 사회적 사건이라고까지 했다. 1957년 노벨 문학상을 수상한 그는 1960년 자동차 사고로, 47세를 일기로 세상을 떠났다. 그러나 그의 대표작 〈異邦人〉은 불후의 명작으로 변함없는 베스트 셀러가 되어 있다.

　1백 80페이지 분량의 이 소설은 거의 정확하게 절반씩, 1·2부로 구성되어 있다. 제1부는 별 이름 없는 선박회사의 사원으로 따분한 나날을 보내고 있던 뫼르쏘가 양로원에 있던 그 어머니가 죽었다는 부고를 받는 데서 시작하여 어머니의 장례를 치르고 친구들과 어울려 놀다 살인을 저지르게 되는 과정까지로 되어 있다. 제1부에 나타나 있는 주인 공 뫼르쏘는 일상을 살아가는 우리들과는 전혀 다른 사람으로 보인다. 이 소설의 제목이 '異邦人' 곧 '사고 방식 등이 아주 다른 사람'이 된 것도 그 때문이다. 그는 기존의 윤리관, 도덕관에서 보았을 때 파격을 넘어 기괴한 사람으로 보이기까지 한다.

모친 사망, 내일 장례식, 조의를 표함

이란 전보를 받았을 때의 그의 반응부터가 그렇다. 그 전보를 받고도 그는 여느 사람처럼 어떤 충격을 받은 사람이 되거나 눈물을 흘리거나 하지 않는다. 그는 그 짧은, 극히 요식적인 글만 보아서는 어머니가 오 늘 세상을 떠났는지, 어제 떠났는지 알 수 없다고 생각한다. 그는 그것 은 어쨌거나 마찬가지라고 생각했기 때문인 것으로 보인다. 그는 덤덤 히 사장으로부터 휴가를 얻어 장례에 참석할 준비를 하고 점심 때가 되자 늘 가는 식당에 가서 식사를 한다. 양로원으로 가는 버스를 탄 그 는 서두르며 뛰어다닌 탓에 피곤하여 거의 내내 잠을 잔다. 양로원에 도착한 그는 관리인이 관 뚜껑을 열어 줄테니 어머니를 마지막으로 한 번 보겠느냐고 묻자 그만 두겠다고 한다. 그것이 무슨 의미가 있느냐 는 반응이다. 저녁 때가 되어 관리인이 커피를 권하자 그것을 받아 마 시고 담배 생각이 나자 꺼내 피운다. 밤샘을 하고, 이튿날 영구차를 따

알베르 카뮈 Albert Camus (1913~1960) 프랑스의 소설가, 극작가, 평론가, 사상 가. 알제리 농민의 아들로 태어난 그는 여러 직업을 전전하면서 문학에 몰두해 1957년 노벨 문학상을 수상했다. 그는 사르트르와 함께 實存主義 문학과 사상의 쌍벽을 이루 었다.

라 걸으면서 더위에 땀이 나자 부채질을 한다. 그는, 같이 걷던 인부가 어머니의 나이가 얼마나 되느냐고 물었을 때 그것을 정확하게 몰랐기 때문에 ‘꽤 많았다’ 고만 대답한다. 뫼르쏘는 그 때의 자신에 대해 다음과 같이 말하고 있다.

　　햇빛, 가죽 냄새, 영구차의 말똥 냄새, 옻 냄새, 향 냄새, 잠 못 이룬 하룻밤의 피로, 그러한 모든 것이 나의 눈과 머리를 어지럽게 만드는 것이었다.

이것은 통상, 어머니를 사별한 상주의 언행이나 모습, 생각과 많이 동떨어진 것이 분명하다. 장례가 끝나고 집으로 돌아오면서 그는 ‘이제는 드러누워 실컷 잠을 잘 수 있겠다.’ 고 생각한다. 그리고 자신의 독신자 아파트로 돌아와 그 날 밤을 잔 뫼르쏘는 그 전 날의 「일」에 아직도 피곤함을 느낀다. 억지로 일어난 그는 아직 喪故休暇가 이틀이나 남아 있다는 것을 생각하고 해수욕을 가기로 한다. 그리고 해수욕장에서 전에 그의 회사에서 타이피스트로 일한 적이 있는 마리 까르돈나를 만난다. 두 사람은 해수욕이 끝난 다음, 같이 극장으로 가 희극영화를 구경하고 그의 아파트로 돌아와 정사를 한다.

어머니가 세상을 떠나, 영구를 지키면서 커피를, 담배를 즐기고, 장례를 치른 이튿날 해수욕을 하고 여자와 희극영화를 보고 성행위를 한다는 것은 보통사람으로서는 상상도 할 수 없는 일이다. 그러나 그는 육체적 욕구가 흔히 감정을 방해하는 성질이 있으며 그것이 인간이라고 생각한다. 주인공의 그러한 행동과 생각은 곧 작가 카뮈의 실존주의 사상을 보여 주는 것이다. 실존주의 사상에 있어서는 인간을 무슨 대단한 것으로 생각하는 것은 착각이다. 인간은 우연의 결과로 이 세상에 있게 된 존재다. 그리고 인간의, 원하지도 않은 탄생은 그 자체가 하나의 재난이다. 이것을 직시하고 정면에서 받아들여야 한다. 사람은 바라지 않았지만 본의 아니게 태어난 이상, 권태와 불안, 고통 속에 살다 죽게 되어 있다. 죽음에 대해 애통한 얼굴을 하고, 눈물을 흘리고, 침통한 척 하는 것은 감정의 과장이요 이 세상의 윤리, 도덕이라는 것이 강요한 거짓이다. 그러므로 어머니의 죽음에서 보인 뫼르쏘의 반응은 진실한 것이다. 그것은 진실, 그 중에서도 전면적 진실을 보여 주는 것이다. 이와 같은 진실은 호머의 〈오디세이〉에서 이미 볼 수 있었던 것이다. 트로이 전쟁이 끝나고 해로로 고국으로 돌아가던 오디세이 일행은 폭풍으로 한 섬에 표착했다가 식인 괴물을 만나게 된다. 괴물은 일행 중 수명을 잡아먹는다. 나머지 일행은 사력을 다해 도망쳐 겨우 죽음의 위기를 벗어난다. 그들은 심한 허기를 느껴 마침 주변에 있던 포도를 허겁지겁 따먹는다. 폭풍에 시달린 데다 도망을 치느라 지쳐 있던 일행은 허기를 면하자 곧 혼수상태와 같은 잠에 빠진다. 만사를 잊은 채 실컷 잠을 자고 나서 깨어난 일행은 비로소 괴물에게 희생된 전우들을 생각하고 울음을 터뜨린다. 위와 같은 것이 전면적 진실이다. 얼핏 생각하면 오디세이 일행은 비정하기 짝이 없는 사람들처럼 보인다. 생사를 같이 한 전우가 그런 참변을 당했다면 위험에서 벗어나자 곧 통곡을 해야 한다. 그런데 그들은 우선 배가 고프니까 그것을 해결하고 또 식곤증이 덮쳐 오니까 모든 것을 잊고 자고, 그런 다음, 곧 그들의 급한 생리적 욕구가 해결된 다음에야 전우의 죽음에 생각이 이르고, 슬픔에 잠기고 있는 것이다. 그것이 거짓 없는 인간의 진상인 것이다. 곧바로 통곡을 해야 한다는 것은 그 사회의 윤리, 도덕이 강요한 가식이요 진실이 아닌 것이다.

그러므로 다음과 같은, 휴가가 끝나는 날의 뫼르쏘는 무슨 패륜아나 괴상한 인간 아닌, 인간의 있는 그대로의 모습을 보여 주는 것이다.

　그 때 나에게는 일요일이 또 하루 지나갔고, 어머니의 장례식도 이제 끝났고, 내일은 다시 일을 시작해야 하겠고, 그러니 결국 달라진 것은 아무 것도 없다는 생각이 들었다.

　또 뫼르쏘의 인간, 세상을 보는 눈도 우리가 익숙해 있는 사람의 그것과 다르다. 그는 이 세상이 흔히 값진 것으로 생각하고 있는 것에 대해 냉담하다. 그의 눈으로 볼 때 사람들이 탐하는 것, 또 그래야만 한다고 생각하는 것들이 상당수 무의미한 것이다. 어느 날 사장이 뫼르쏘를 불러 파리에 출장소를 설치하여 현지에서 직접 큰 회사들과 거래를 하려고 하는데 그 일을 맡을 의향이 있느냐고 묻는다. 그것은 아프리카의 한 변두리, 알제보다 더욱 번화한, 세계적인 대도시에서 생활할 수 있을 뿐 아니라 여행도 자주 즐길 수 있는 좋은 조건이었다. 그러나 그는 그 권유를 물리친다. 사람이란 결코 생활을 바꿀 수 없으며 어떤 생활이든지 비슷비슷하기 때문에 자기에게는 이러나 저러나 마찬가지라는 것이다. 사장은 그의 반응이 의외라고 하면서 당신은 야심 같은 것도 없느냐고 하는데 이에 대해 뫼르쏘는 전에는 야심을 가져 본 적도 있었지만 지금은 그러한 것이 실제로는 아무런 중요성도 없다는 것을 깨달았다고 말한다. 그는 입신출세니 영달이니 안락이니 하는 것이 사실은 아무 의미 없는 헛된 것이라고 생각하고 있는 것이다.
　다음의 인용문에 나타나 있는 주인공의, 사랑과 결혼에 대한 생각도 보통 사람들과는 판이하게 다른 것이다.

저녁에 마리가 찾아와서 자기와 결혼할 마음이 있느냐고 물었다. 나는 그건 아무래도 좋지만 마리가 원한다면 해도 좋다고 말했다. 그러니까 그녀는 내가 자기를 사랑하는지 어떤지 알고 싶어하였다. 나는 이미 한 번 말했던 것처럼 그건 아무 뜻도 없는 일이지만, 아마 사랑하지는 않는 것 같다고 대답했다.

"그렇다면 왜 나하고 결혼을 해요?"

하고 마리는 말했다.

나는 그런 건 아무 중요성도 없는 것이지만 마리가 정 원한다면 결혼해도 좋다고 설명을 하였다. 그리고 결혼을 요구한 것은 그녀이고 나는 승낙을 하였을 뿐이다. 그 때 마리는 "결혼이란 중대한 일이예요."라고 나무라는 투로 말했다. 나는 그렇지 않다고 대답했다.

뫼르쏘는 상투적인 사랑, 결혼관에서 벗어나 있는 것이 분명하다. 그는 마리라는 상대와 영화를 보고 육체적인 관계를 맺고 있지만 그렇다고 그녀를 통상 말하는, 사랑하고 있는 것 같지는 않다고 하고 있다. 그것은 아마 그가 육체적 충동에 따라 욕구를 채우는 행동을 한다고 해서 그것을 반드시 사랑이라고 할 수는 없다는 생각을 하고 있었기 때문일 것이다. 또 그는, 이성끼리의 감정은 고정된 것이 아니라 가변적이므로 사랑을 느낀다고 해도 그것은 어느 순간, 순간의 감정일 뿐이기 때문에 자신이 상대가 말하는 그런 사랑을 하고 있지 않다고 했는지도 모른다.

결혼에 대해서도 마찬가지다. 사람들은 사랑하면 결혼하는 것을 공식처럼 생각하고 있다. 그러나 뫼르쏘는 결혼에 대해서 아무런 의미를 부여하지 않고 있다. 하객들을 불러 모으고 식을 올리고 관공서를 찾아가 혼인신고를 하는 일은 아무 뜻없는 요식이기 때문이다. 그는 그런 요식이 두 사람을 사랑으로 묶어 놓을 수 없으며 설사 그런 절차를 거쳤다 해도 인간의 영혼은 자유스러운 것이므로 거기에 얽매일 수 없는 것이라고 생각한 것이다. 그러므로 그가 상대를 사랑하고 있는지 아닌지 잘 모르겠지만 아마 사랑하고 있지는 않는 것 같다고 한 말이나, 아무 중요성도 없는 일이지만 상대가 결혼하기를 원한다면 그렇게 해도 좋다고 한 말은 조금도 거짓이 섞여 있지 않은, 그의 진심을 털어 놓은 것이라고 해야 할 것이다.

뫼르쏘는 또 인간은 본래 고독한 존재라는 것을 확실하게 알고 있다. 실제로 그는 그의 어머니를 사랑하기는 했지만 같이 기거하고 있을 때 아무런 대화도 나누지 않았다. 큰 연령차, 서로의 생활의 상이함이 두 사람 사이에 악의 없는 거리를 만든 것이다. 그 이전에 뫼르쏘는 인간과 인간과의 단절, 고독이 인간의 조건이라는 것을 잘 알고 있고 또 그것을 그대로 받아들이고 있는 사람이다. 고독이 인간의 존재 조건이라는 것을 모를 때, 그것을 인정하지 않을 때 사람은 거기서 무의미한 고통을 받게 된다. 뫼르쏘의 어머니가 세상을 떠났을 때 그 어머니와 가장 친했다는 한 노파는 밤샘을 하는 동안 내내 울고 있다. 그녀는 세상을 떠난 친구의 죽음이 슬퍼서라기보다 자신의 앞에 놓인 고독을 두려워하고 슬퍼하고 있는 것이다. 이웃의 한 노인이, 그 처와 사별한 후 외로움을 덜려고 얻어다 키운 개가 없어지자 백방으로 찾아 헤매지만 끝내 찾지 못하자 혼자 울고 있는 것도 인간이란 고독할 수밖에 없다는 존재 조건을 받아들이지 않으려 하고 있기 때문이다. 그에 반해 뫼르쏘는 그러한 조건을 정확하게 인식하고 고독과 정면으로 맞서 있는 사람이라 할 수 있을 것이다.

이상을 염두에 두면 이 소설에는 처음부터 異邦人은 없으며 있다면 단지 진실한 인간과 거짓의 허울을 쓴 두 이질적인 인간이 있을 뿐이다.

이제 이 소설을 이야기할 때마다 가장 빈번하게 거론되고 주인공을 의심의 여지없는 異邦人으로 만들고 있는, '태양 때문'이라고 한, 주인공의 살인의 동기에 대하여 살펴보기로 하겠다. 주인공은 친구 레이몽과 함께 알제 부근에 있는 한, 해변의 별장으로 놀러 간다. 거기서 레이몽이 시내에서부터 그들을 미행해 온 두 사람의 아라비아인과 싸움을 벌여 그 중 한 사람이 휘둔 칼에 팔을 찔린다. 아라비아인들은 곧 달아나 버리고 레이몽 일행도 별장으로 돌아오지만 뫼르쏘는 답답함을 느껴 다시 싸움이 있었던, 바닷가로 산책을 나간다. 그리고 거기서 레이몽을 찌른 아라비아인과 조우하게 된다. 뫼르쏘가 살인을 하게 된 순간의 상황은 다음과 같이 그려져 있다.

그 햇볕의 뜨거움을 견디지 못하여 나는 한 걸음 앞으로 나섰다. 나는 그것이 어리석은 짓이며, 한 걸음 옮겨 놓는다고 해서 태양으로부터 벗어날 수 없다는 것을 알고 있었다. 그렇지만 나는 한 걸음, 다만 한 걸음 앞으로 나섰던 것이다. 그러자 이번에는 아라비아 사람이 몸을 일으키지도 않고 단도를 뽑아서 태양빛을 받으며 내게로 겨누었다. 빛이 강철 위에 반사하자 번쩍거리는 칼날이 내 이마에 와서 부딪치는 것 같았다. 그와 동시에 눈썹에 맺혔던 땀이 한꺼번에 눈꺼풀 위에 흘러내려 미지근하고 두터운 막으로 덮어버렸다. 이 눈물과 소금의 장막에 가리워서 나의 눈은 보이지 않았다. 다만 이마 위에 울리는 태양의 제금 소리와 단도로부터 여전히 내 앞으로 닥쳐오는 눈부신 칼날을 느낄 수 있을 뿐이었다. 그 뜨거운 검(劍)은 나의 속눈썹을 자르고 어지러운 눈을 파헤치는 것이었다. 바로 그 때였다. 모든 것이 동요한 것은.

태양은 견디기 힘들 정도로 뜨겁다. 눈 앞에는 조금 전 맨주먹으로 맞선 친구를 칼로 찌른 그 사내가 칼을 뽑아들고 있다. 그 때 눈썹에 맺혀 있던 땀이 한꺼번에 흘러내려 앞이 잘 보이지 않는다. 여전히 상대의 칼에 반사된 태양광선이 눈을 찌른다. 위와 같은 상황에서 주인공은 상대방에게 총을 쏜 것이다. 그는 첫 발을 맞고 쓰러진 상대에게 다시 연달아 네 발을 더 쏜다. 살인과 같은 행동은 한 순간에 발작적으로 일어난다. 그리고 그것은 天候와 관계가 있을 수도 있다. 당시가 포근한 봄날, 또는 선선한 가을날이었다면 뫼르쏘가 총을 쏘지 않았을 수도 있다. 우리는 불쾌지수가 높은 날, 어줍잖은 일로 살상을 한 사건이 일어났다는 기사를 신문 사회면에서 흔히 읽어 왔다. 뫼르쏘의 살인도 그런 것으로 보면 결코 이해할 수 없는 것이 아니다. 다만 그가 살인의 명확한 동기를 말하라는 재판장의 요구에 있은 그대로, '태양 때문'이었다고 말한 것이 그로 하여금 상상도 할 수 없는 괴상한 인간으로 보이게 했을 뿐인 것이다.

제2부는 한 편의 공판소설과 같은 성격을 띠고 있다. 그것은 또 희극이면서 비극적인 성격이 강한 일막의 연극과도 같은 것이다. 희비극적인 성격은 다음의 인용문에 잘 나타나 있다.

나는 그들이 배심원이라는 것을 깨달았다. 그러나 그 얼굴들을 구별짓고 있는 특징을 나는 말할 수가 없었다. 내가 받은 인상은 다만 하나밖에 없었다. 말하자면 나는 전차의 좌석을 눈앞에 보고 있는 것이어서 그 이름 모를 승객들이 웃음거리를 찾아보려고 새로 온 승객을 훑어보는 것 같았다. 그러나 그것은 어리석은 생각이라는 것을 나는 잘 알고 있었다. 왜냐하면 그들 배심원이 찾고 있던 것은 웃음거리가 아니라 죄였으니까 말이다. 다만 그 차이는 그리 큰 것이 아니고, 어쨌든 나의 머리를 스친 것은 그런 생각이었다.

「웃음거리」와 「죄」가 큰 차이 없는 자리, 그 곳이 주인공을 죽음으로 몰고 가는 법정, 희비극의 무대인 것이다. 출연자는 배심원 외에 법관 복을 입은 검사, 판사, 재판장 등 상당히 많다. 또 역시 법복을 입고 주인공에게, 재판이 시작되면 이러이러해야 한다고 말하고 다시 변호인 석으로 가고 있는 변호사는 연출자 겸 배우다. 그 밖에 양로원장, 양로 원 관리인, 레이몽, 마쏭, 마리 등 증인들은 단역 배우들이다. 그리고 여름에는 기사거리가 될 만한 것이 없어 「당신의 사건을 좀 선전」했다 고 하면서 주인공에게 말을 걸어오는 기자는 연극 취재를 온 신문사의 문화부 연예면 담당 기자와 같다. 또 몇 사람, 변호사의 변론이 끝나자 그 변호사에게 달려가서 "참 훌륭했어."라고 하는 그의 친구들은 연극 이 끝나고 난 뒤 공연의 성공을 축하하는 하객과 같다.

공판은 예심에서 본심까지 잘 짜여진 연극처럼 순조롭게 진행된다. 검사는 이 공판에서 증인들의 입을 빌려 피고인을 중죄인으로 몰아 간 다. 그런데 검사, 예심판사 등 공판 관계자들은 살인 이전에, 피고인이 벌써 사람을 죽인 것 이상의 대죄인이라고 몰아 붙인다. 뫼르쏘가 자 신의 어머니가 죽었는데도 눈물을 흘리지 않았고 어머니의 나이도 몰 랐으며 장례를 앞두고 커피를 마시고 담배를 피웠다는 것, 그리고 장 례 이튿날 해수욕을 가고 여자를 만나 희극영화를 보고 그 여자와 잠 자리를 한 것 등이 이 사회의 근본을, 법을 무시하는, 절대로 용서할 수 없는 큰 죄라는 것이다. 주인공은 그런 것은 자기의 사건과 아무런 관계가 없다고 하지만 아무도, 재판 관계자들은 물론 그의 변호사까지도 그렇게 생각하지 않는다.

이 재판, 연극판에서의 주인공은 마땅히 뫼르쏘여야 한다.

나는 스스로의 생각에 정신이 팔려 있었지만, 때로는 나도 한 마디 이야기를 하고 싶었다. 그러면 변호사는 "가만있어요. 그래야 일이 잘 됩니다." 하고 말하는 것이었다.

이를테면 사건이 나와는 아무런 관계 없이 다루어진 셈이었다. 나를 참여도 시키지 않고 모든 것이 진행되었다. 나의 의견을 물어 보지도 않은 채 나의 운명이 결정되는 것이었다. 때때로 나는 다른 사람들의 이야기를 가로막고 이렇게 말하고 싶었다.

"그렇지만 도대체 누가 피고입니까? 피고라는 것은 중요합니다. 나에게도 할 말이 있습니다."

사람들은 뫼르쏘를, 그가 자유로운 의식을 명징하게 가지고 있음에도 불구하고 물체처럼 규정하여 지배하고 있는 것이다. 그들은 재판이란 요식 절차로 뫼르쏘를 無化하고 있다. 그래서 뫼르쏘는 자신이 다른 사람들과 똑같다고, 조금도 틀림없이 똑같다고 말하고 싶어 하나 그런 말이 아무런 효과도 거둘 수 없을 것을 알고 단념하고 만다.

그런 다음 최종적으로 그들은 사람들의 시선을 '살인'에 집중케 한다. 뫼르쏘가 총을 가지고 있은 것은 친구 레이몽이 충동적으로 상대를 쏠 것을 염려해, 그런 일을 막기 위해 받아두어서였다. 그러나 그는 재판 과정에서 그냥 '우연히' 가지고 있게 되었다고만 말한다. 또 예심판사가 다섯 발을 연달아 쏘았느냐고 물었을 때 뫼르쏘는 잠시 생각한 다음, 처음 한 발을 쏘고 몇 초 후에 다시 네 발을 쏘았다고 말한다. 연달아 쏘았다고 하면 그것이 순간적이고 충동적, 반사적인 행동이었다는 것이 되어 판결에 유리할 것이라는 것은 어린애도 알 수 있는 일인데도 그는 있었던 일을 그대로 말하고 있는 것이다. 그는 그, 허위에 찬 연극판에서 끝까지 진실에 충실하려 하고 있는 것이다.

그런 대답을 확보한 검사는 마지막 논고에서 득의 양양, 피고인이 계획적으로 총을 가지고 가서 피해자를 쏘아 죽였다고 한다. 그는 피고인이 '일이 잘 되었음을 확인하기 위하여' 조금 기다렸다가 다시 네 발의 탄환을 태연자약하게, 확실하고도 명확한 의식을 가지고 쏘아 그 사람을 죽였다고 하고 그에게 사형을 구형한다. 배심원들은 이 검사의 논고와 구형을 받아들이고 그에 따라 재판장은 「프랑스 국민의 이름으로 광장에서 목이 잘리게 되리라」고 선언한다.

이렇게 하여 법정에서 뫼르쏘의 진실과 法, 世人의 허위와 가식의 싸움은 뫼르쏘가 단두대에서 처형당하게 되는 것으로 끝장이 난다.

뫼르쏘의 싸움은 사형수가 되어 죽음을 기다리는 나날에도 계속된다. 그는 죽음의 공포에 몰려 비본래적인 자아로 기울려 하는 자신과 싸운다. 사형을 집행하려고 감방에서 죄수를 끌어내는 시간이 새벽이라는 것을 안 뫼르쏘는 낮에 자 두었다가 새벽을 눈을 뜬 채 맞는다. 갑자기 놀라 끌려가는 것이 아니라 자신의 발로 죽음을 향해 나아가고 싶었기 때문이었다. 그는 곧 눈앞에 닥칠 죽음에 대해서도 그것이 어떤 의미를 가진 것인가에 대해 다음과 같이 생각한다.

"그래, 그 때는 죽을 수밖에 없는 거다." 다른 사람들보다 먼저 죽는 것은 사실이겠지만 그러나 인생이 살 만한 가치가 없다는 것은 누구나 알고 있다. 결국 30살에 죽든지 60살에 죽든지 별로 다름이 없다는 것을 나도 모르는 바는 아니었다. …中略… 죽는 바에야 어떻게 죽든, 언제 죽든, 그런 건 문제가 아니다. 그것은 명백한 일이었다.

뫼르쏘는 사람은 언젠가는 죽는다, 그것이 언제 오든, 그것을 맞는 것은 같다는 것을 생각하고 죽음의 공포를 물리치고 있는 것이다. 그의 그와 같은 생각은 중국의 邯鄲記에 나타나 있는 "한 끼 밥 짓는 동안 더 기다린들 무엇하리."라 한 이야기, 우리나라의, '淸明에 죽으나 寒食에 죽으나 마찬가지' 라고 한 속담과 상통하는 것이다.
　모든 것을 정리한 그에게 신부가 찾아와 그를 위해 기도해 주겠다고 했을 때 그는 허황한 신앙이란 것, 거짓투성이 이 세상을 향해 다음과 같이 외친다.

　나는 그의 신부복 깃을 움켜잡았다. 기쁨과 분노 섞인 용솟음과 함께 마음 속을 송두리째 그에게 쏟아 버렸다. 너는 자신만만한 태도다. 그렇지 않고 뭐냐? 그러나 너의 신념이란 건 모두 여자의 머리털 만한 가치도 없다. 너는 죽은 사람 모양으로 살고 있으니 살아 있다는 것에 대한 확실한 자각조차 없지 않으냐? 나는 보기에는 맨주먹 같을지 모르나, 나에게는 확신이 있다. 나 자신에 대한, 모든 것에 대한 확신, 그것은 너보다 더 강하다. 나의 인생과 닥쳐올 이 죽음에 대한 명확한 인식이 내게는 있다. 그렇다, 내게는 이것밖에 없다. 그러나 적어도 나는 이 진리를 그것이 나를 붙들고 놓지 않는 것과 마찬가지로 굳게 붙들고 있다. 내 생각은 옳았고 지금도 옳고 언제나 또 옳으리라. …中略… 나는 마치 저 순간, 나의 정당함이 인정될 저 새벽을 여태껏 기다리며 살아온 셈이다.

그는 오직 하나의, 숙명이 모든 인간을 사로잡고 있으며 그러한 숙명을 피할 수 없는 모든 인간은 모두가 「죄인」이라고 말한다. 뫼르쏘가 마지막으로 신부를 향해 「사형의 선고를 받은 녀석」이라고 외치는 것도 그 때문이다. 불안하고 고독하며 유한한 것이 인간 조건이라는 것을 안 뫼르쏘는 이제 자신이 죽는다는 것이 이 우주, 자연에 통합되어진다는 것을 뜻한다고 생각한다. 그가 별이 가득한 밤하늘을 바라보며 「세계가 나와 다름없는 형제 같음을 느끼며」 행복감에 젖고 있는 것은 바로 그 때문이다.

그리고 그는 자기의 사형이 집행되는 날 많은 구경꾼들이 와서 증오의 함성을 지르면 자신은 거기서 모든 것이 성취되고 자신이 외롭지 않다는 것을 느끼게 될 것이라고 한다. 그것은 뫼르쏘가 자신의, 진실의 마지막 승리를 확인하는 것이 될 것이기 때문이다. 카뮈가 이 소설을 가리켜 아무런 영웅적인 태도를 보이는 법 없이 오직 진실을 위하여 죽음을 받아들이는 한 인간의 이야기로 읽는다면 별로 틀림이 없을 것이라고 말한 것도 그 때문이다.

10. 李淸俊의 〈이어도〉

李淸俊은 오늘날 우리 시대를 대표할 만한 작가 중의 한 사람이다. 1939년 全南 長興에서 출생한 그는 1965년 단편 〈退院〉이 『思想界』의 제7회 신인상에 당선되어 문단에 진출한 이래 지금까지 꾸준히 창작활동을 해 오고 있다. 그는 문단에 나온 지 2년만에 단편 〈병신과 머저리〉로 제12회 동인문학상을 수상했고(1967), 단편 〈매잡이〉로 대한민국 문화예술상 신인상(1969), 중편 〈이어도〉로 한국일보 창작문학상(1975), 중편 〈잔인한 도시〉로 이상문학상(1978), 단편 〈살아 있는 늪〉으로 중앙문예대상 예술 부문 장려상(1979), 중편 〈비화밀교〉로 대한민국 문학상(1986), 장편 〈자유의 문〉(1990)으로 이산문학상을 수상하는 등 한국의 이름 있는 문학상을 휩쓸다시피 했다. 작가의 수상 경력이 그의 작품의 문학성, 예술성과 직결된다고 하기는 어렵지만, 그러한 경력 못지 않게 그의 작품은 그 동안 많은 독자들로부터 사랑을 받아왔고, 또한 비평가들로부터도 우수성을 인정받고 있다. 그리하여 그와 그의 문학은 우리 문단에서 상위의 리얼리즘을 구축했다는 의견에서부터 시작하여 이야기 단계에 있는 우리 문학을 현대적인 문학으로 이끌어 올렸다고 한 견해, 한국 문학의 높이와 정신을 한 단계 끌어올린 작가로 평가받는 데까지 이르게 되었다.

李淸俊이 발표한 작품의 면면을 보면 그 소재가 비교적 다양하다.

6·25에 관한 이야기를 비롯하여 활 쏘는 사람이나 항아리 굽는 장인의 이야기, 소설가나 잡지사 기자 등 지식인에 관한 이야기, 그리고 평범한 사람들의 삶에 관한 이야기 등 다양한 양상을 보이고 있다. 이 소재의 다양성은 주제의 다양성까지 연결되며, 이는 구성과 시점 등 그가 소설의 방법을 다양하게 실험하는 데에 이른다.

특히 그의 작품은 생활과 예술, 혹은 이상과 현실 사이의 갈등이나 고민을 잘 담아내고 있다는 데서 다른 작가와 구별되는 새로운 면을 찾아볼 수 있다. 작품을 통해 눈에 보이는 현실 세계보다 눈에 보이지 않는 감추어진 세계를 끊임없이 찾아가는 것이 그것이다. 이 때문에 그는 관념적인 작가라 언급되기도 하고 그의 작품은 난해하다는 평을 듣기도 한다. 그러나 진실을 추구하고 인간의 근원적인 모습을 조명하려 한 작품 경향 때문에 그의 소설은 여러 번 읽고도 또 다시 읽히는 매력을 지닌다.

이렇듯 李淸俊의 소설은 보통의 대중 독자들이 즐겨 읽는 대중, 통속소설과는 거리가 먼 순수문학 작품이 대부분을 이루고 있음에도 불구하고 현재 비교적 많은 독자를 확보하고 있다. 또한 그와 그의 작품은 외국에도 많이 번역 출간되어 알려져 있는데, 이 글에서 살펴볼 중편 〈이어도〉 역시 프랑스 Actes Sud에서 이미 출간된 바 있다.

〈이어도〉는 1974년 『文學과 知性』을 통해 발표된 중편소설로, 1970년대 한국의 문학이 거둔 하나의 큰 수확이라 할 만한 작품이다. 이 소설은 李淸俊의 많은 소설들에서 나타나는 탐색의 구조와 추리소설의

李淸俊 (1939~) 全南 長興생. 1965년 단편 〈退院〉이 『思想界』 신인문학상에 당선되어 등단한 그는 〈병신과 머저리〉로 동인문학상을 받은 것을 비롯해 한국의 유수한 문학상을 휩쓸다시피한, 이 시대 한국 최고의 작가로 불리고 있다.

기법, 즉 어떤 의문이나 미지의 사실, 알 수 없는 원인을 제시하여 무언가를 찾아가는 추적의 형식을 취하고 있다. 작가는 소설의 발단에서 수수께끼를 제시하고 이를 풀어 가는 과정을 보여 준다. 이러한 형식은 사건이 전개되어 감에 따라 독자들로 하여금 미궁으로 빠져들게 하여 긴장감을 느끼게 해 준다.

해군 함정 선단은 제주도 남단에서 파랑도를 보았다는 이야기가 곳곳에서 들려옴에 따라 2주에 걸쳐 파랑도 수색 작전을 하게 되는데 이 작전에 남양일보의 千南石 기자가 동행한다. 그는 오랜 세월 동안 제주도 사람들 사이에 전해 내려온 전설의 섬 이어도의 실재 여부를 확인하러 그 작전에 따라 나선 것이다. 제주도 사람들에게 전해 내려 오는 이어도는 복락과 구원을 상징하는 피안의 이상향이자, 뱃사람들의 죽음을 상징하는 섬이기도 하다. 그 곳 사람들은 이어도에 대한 환상을 가지고 살았으나 아무도 그것을 본 사람은 없다. 그것을 본 사람은 모두 그 섬으로 가서 영영 돌아오지 않았기 때문이다. 따라서 이어도는 환상의 섬이자, 실제보다 더 큰 힘을 지닌, 삶의 근원이요 어떤 종교적인 힘까지도 가지고 있는 대상이라고 할 수 있다. 곧 千 기자는 파랑도를 이어도라고 생각하고 파랑도 수색작전에 참여하여 환상의 섬 이어도를 찾아내려 했던 것이다.

그런데 작전이 끝나던 날 밤 千 기자는 의문의 실종을 하게 되고 정훈장교 선우현 중위는 그 경위를 전하러 남양일보 양주호 국장을 방문한다. 선우 중위는 양 국장을 만나는 순간부터 어떤 의문에 사로잡힌다. 선우 중위는 양 국장이 千 기자의 실종에 대해 아무 것도 알려 하지 않는 것부터가 이해하기 어려웠다. 뿐만 아니라 양 국장은 千 기자가 자살을 했을 것이라고 단언하는 것도 의문이었다. 선우 중위 역시

千 기자가 자살했을지 모른다는 추측은 했으나 양 국장은 그것을 확신하는 어투로 말한다. 여기에서부터 千 기자의 죽음에 대한 탐색이 시작된다.

千 기자의 죽음에 대해서 선우 중위와 양 국장은 아주 상반된 견해를 보인다. 선우 중위에 의하면 千 기자는 파랑도가 존재하지 않는다는 사실을 확인했을 때 그가 제주도 사람들이 피안의 섬, 환상의 섬이라고 생각했던 낙원이 사실은 없다는 것에 절망한 나머지 바다에 뛰어들었을 것이라고 한다. 그러나 양 국장은 千 기자가 파랑도의 부재를 안 순간 오히려 황홀한 절망에 빠졌을 것이라고 한다. 그에 의하면 千 기자는 섬이 없다는 것이 확인된 순간에 이어도를 찾았으며 따라서 해군의 작전은 실패라고 한다. 그렇기 때문에 그의 절망은 황홀한 절망이었을 것이라는 것이다.

여기에서 선우 중위와 양 국장의 화해 불가능한 부딪침이 일어나며 계속되는 의문이 이어진다. 선우 중위는 해군 사령부 작전 선단에 소속된 세련된 장교로 빈틈없는 합리의 화신이다. 그의 정중한 목소리와 절도 있는 태도는 명확한 근거가 있는, 사실을 중요시하는 그의 성격을 말해 준다. 그러나 무겁고 둔한 몸에 다리를 절뚝거리는 불구적인 외양을 한 양 국장은 무수한 만남과 헤어짐, 술과 노래의 흥얼거림이 있는 열린 곳에 살고 있는, 사실보다 허구 쪽에서 진실을 만날 수 있다고 생각하는 사람이다. 그는 사실보다 영혼의 눈에 의지하여 대상을 보려 하는 사람이다.

이와 같은 두 사람의 대조적인 성격은 千 기자의 죽음에 대한 두 사람의 생각의 차이에서 확연하게 드러난다. 千 기자가 자살했을 것이라 생각하는 데 있어서도 선우 중위는 단지 막연한 추측만 했을 뿐이나 양 국장은 그것을 확신하는 어투로 말하는 것에서 그러한 면을 볼 수 있다. 특히 그가 섬의 부재를 알게 된 순간 자살을 한 것에 대해서도 양 국장은 그것을 황홀한 절망이라고 표현함으로써 과학적, 합리적 사고 방식을 가진 선우 중위는 점점 더 의문에 빠져든다.

양 국장의 수수께끼 같은 반응은 실종 원인을 알고 싶어하는 선우 중위의 호기심을 자극했고 그는 독특한 방법으로 선우 중위를 깨달음에 이르게 한다. 양 국장은 이 소설에서 의문에서 출발하여 그것이 차츰 풀려 깨달음에 이르도록 안내하는 역할을 하고 있다. 결국 소설의 결말부에 이르면 千 기자의 죽음을 둘러싼 두 사람의 견해는 화해의 지점에 이르고, 그의 죽음에 대한 의문이 차례로 풀리게 되는 것으로 드러난다.

파랑도 수색 작전 당시 심한 폭풍이 치던 날 밤 千 기자는 선우 중위와 밤늦게까지 술을 마시면서 이어도의 실체와 억압에 대한 이야기를 나눈다. 그 때 환상의 섬이자 죽음의 섬으로 제주도 사람들을 지배하는 이어도에 대해 千 기자는 저주를 퍼붓는다. 그는 이어도란 제주도 사람들을 무참하게 속여 온 터무니없는 허구라고 생각하고 언젠가는 제주도를 떠나려 한다. 그러나 千 기자가 그처럼 이어도를 저주한 것은 한편으로는 이어도를 사랑하고 있었기 때문이다. 이어도는 그에게 어린 시절의 가난, 고통을 상기시켜 주면서도 자신이 자랐던 잊을 수 없는 그리운 곳이기도 한 고향과 같은 이중적인 존재다. 그의 그런 이어도에 대한 애증의 감정은 끊임없는 자기 내부의 싸움으로 존재해 왔던 것이다.

그런데 해군 수색작전 결과 파랑도의 부재를 확인한 그 날 밤, 그는 사랑과 증오의 대상이었던 이어도를 찾게 된다. 폭풍이 치던 날, 광란

하는 바다를 보고 있던 千 기자는 문득 삶의 究竟의 의미를 깨닫고 바다로 뛰어든 것이다. 그는 인간 역시 자연의 한 부분이라는 것을 깨달음으로써 인간과 삶에 대한 의미를 발견하게 되었기 때문이다. 인간은 자연의 일부로서 슬픔과 기쁨, 고통과 쾌락, 미움과 사랑이 동시에 공존하는 세계에서 살아가는 존재인데 그 살아가는 곳이 바로 이어도요, 낙원이라는 생각에서였다.

어린 시절, 千 기자의 어머니는 돌투성이의 밭에서 일년 내내 쉬지 않고 돌을 추려내는 일을 했는데 이 때 지겹도록 자갈이 많은 밭은 삶의 고통을 표상한다. 그러나 그 고통 속에는 생의 긍정적인 측면도 동시에 있다. 어머니가 죽어갈 때까지 그 밭에서 돌을 추려내고 있는 것은 땅에 생생력을 주는, 자연과 인간이 조화를 이루는 몸짓이라 하겠다. 또한 그의 어머니는 남편이 고기잡이배를 타고 나가 있을 때 항상 이어도 민요를 흥얼거린다. 어머니는 거친 바다에서의 남편의 안전을 기원하며 끝없이 이어도 노래를 부르는데, 남편이 바다에서 무사히 돌아오면 비로소 그 노래는 그치게 된다. 며칠이 지나 그가 바다로 나가려 하면 또다시 간절한 그 노래는 시작된다. 이는 어머니의 남편에 대한 사랑을 의미하는 것이기도 하다.

이는 자연의 일부인 인간이란 결국 슬픔과 기쁨, 고통과 쾌락, 미움과 사랑이 동시에 있는 세계에서 살아갈 수밖에 없는 존재라는 사실을 말해주는 것이다. 슬픔이나 고통, 미움도 비로소 인간의 삶 속에서 어떠한 의미를 얻게 되는데, 이러한 것들은 모두 자연의 일부인 인간 삶의 한 부분이기에 더욱 그러하다. 고통의 원인을 알 수 없는 상태에 있을 때 인간의 마음은 불안하게 된다. 그러나 그 까닭을 알게 되면 그것은 비로소 어떤 의미를 가지게 되고 그것을 견딜 수 있게 된다.

千 기자는 바다로 뛰어든 그날 밤 바로 그 의미를 발견했던 것이다. 곧 인간이란 슬픔과 기쁨, 고통과 쾌락, 미움과 사랑 등의 의미 있는 반복을 하는 존재라는 것이다. 千 기자는 인간이 자연의 일부로서 고락 속에 살아가는 존재이므로, 고통의 땅 제주도는 그 속에 기쁨과 애정이 있고 그것이 바로 인간의 삶이라는 사실을 알게 된다. 따라서 그 곳이 바로 죽음의 섬, 피안의 낙원, 이어도라는 사실을 깨달았던 것이다. 곧 이어도는 인간의 현세적인 삶, 바로 그것이라고 할 수 있다.

나중에, 실종된 千 기자의 시체가 파도에 밀려 제주도로 다시 돌아오고 있는 것도 역시 이어도라는 낙원은 인간의 현세적 삶이 있는 바로 그 곳임을 말해 준다고 할 수 있다. 이를 통해 작가는 인간은 헛되이 있지도 않은 상상의 낙원을 찾아 방황할 것이 아니라 현세의 삶에서 그것을 발견해야 한다는 것을 말하고 있다.

한편, 千 기자가 폭풍우 치는 밤에 광란하는 바다를 보고 뛰어든 것은 무아지경의 상태에서 행한 행위로 볼 수 있다. 인간이 자신이 자연의 일부라는 것을 깨닫고 우주와의 동화를 경험하는 시간은 예사스런 순간이 아니다. 이는 샤머니즘에서 말하는 엑스터시 상태와 같은 것으로, 감정이 고조되어 주체적 의지에 의한 행동의 자유를 잃고 황홀한 상태가 되는 순간, 마치 실신한 것과 같은 신들린 상태를 의미한다. 갑자기 넋이 나가고 신이 들린 엑스터시는 샤머니즘의 중심적인 상태다. 千 기자 역시 바다에 뛰어드는 그 순간 엑스터시의 상태에 있었고 이는 황홀한 절망의 순간으로 이 때 그는 인간의 유한성에서 탈출하여 영원에 회귀한 것으로 볼 수 있다.

실제로 이 소설의 전편에서 무속적인 분위기가 흘러나옴을 느낄 수 있다. 양 국장은 문명과 합리적 세계의 인물인 선우 중위에게 千 기자의 죽음을 알려주는데 그를 무속의 세계로 끌어들여 깨달음에 이르게 하고 있는 것에서 그러한 면모를 읽을 수 있다. 이는 제주도를 배경으로 하고 있는 이 소설의 전체 분위기가 특유의 무속적인 것이라는 데서부터 드러난다. 제주도는 육지에서 멀리 떨어져 있는 섬으로 본래 무속이 성한 곳이다. 제주도에 무속이 성한 이유는 척박한 땅과 거친 바다에서 살아가기 힘든 사람들이 종교의 힘에 의지하여 삶의 의미를 확인하려 했기 때문이다. 이 소설에서 千 기자의 어머니의 이어도 노래부터가 굿풀이의 성격을 띠고 있다.

뿐만 아니라 선우 중위는 양 국장이 안내한 술집 이어도에 들어서면서 이상스런 요기를 느낀다. 양 국장이 술에 취해 횡설수설 떠들어 대고 있는 것 역시 엑스터시의 상태에 빠진 샤먼의 모습을 방불케 하고 여기저기 취한 사람들이 보이는 술집 이어도는 마치 祭場과 같은 느낌을 준다. 술집에서 千 기자의 여자가 그에게 이어도 민요를 들려 주는 것은 외지인, 선우 중위가 무속 세계의 섬 사람과 영적인 접촉을 하게 해주는 의식의 성격을 띠고 있다.

양 국장은 선우 중위를 죽은 千 기자의 집으로 이끄는데, 거기서도 선우 중위는 어수선하고 창연스런 분위기에서 알 수 없는 요기를 느낀다. 술집 이어도에서 만난 千 기자의 여인에게서도 무녀의 체취를 느끼고 '무슨 암무당의 외동딸'과 같은 야릇한 분위기를 느낀다. 선우 중위는 千 기자의 집에서 그 여자와 단 둘이 마주앉으면서 머릿 속이 한층 더 어수선해진다. 선우 중위는 돌아가야 한다는 생각을 하면서도 그녀의 요기에 홀려 그대로 주저앉고 만다. 결국 그는 여인과 한 몸이 되는데 이는 태초의 하늘과 땅의 결합의 원형을 의미하는 儀式的인 것으로, 이 때 그는 무속 세계를 통해 원초인과 하나로 통합됨을 체험한다.

이 일이 있고 난 다음 선우 중위는 千 기자의 죽음에 대한 수수께끼의 실마리가 비로소 풀려 감을 느낀다. 결국 그도 이어도 사람이 되고 섬의 실상을 바로 이해하는 계기를 갖게 된 셈이다. 그것은 논리로 해명되고 이해될 수 없는 그 무엇이다. 현대에도 과학으로 설명할 수 없는 그 무엇이 있는데, 이는 오히려 비합리성을 가진 종교적인 측면에서 설명되는 일이 있다. 이 소설에서 우리는 바로 그러한 면을 볼 수 있다. 이는 과학적, 합리적이지 못한 것은 믿으려 하지 않았던 선우 중위가 육신의 눈으로 볼 수 없는 불가사의의 세계가 있음을 시인하는 것이라 하겠다. 이는 과학과 합리의 세계가 정신, 영혼과의 부딪침에서 패배한 것을 의미하기도 한다.

이렇게 볼 때 〈이어도〉는 원시 상태, 혹은 문명 이전의 향수가 반영된 소설로, 현대 문명 세계에 사는 독자들에게 그들 자신의 내밀한 일면을 들추어 내보여 주는 작품이라 할 수 있다. 무속적인 인간관에서는 아무리 괴롭고 불행해도 인간으로서의 현세적 삶이 가장 소중한 것이므로 삶의 현실에 절대 가치를 두는데 이 소설에서 바로 그와 같은 세계관을 볼 수 있기 때문이다.

작가 자신도 이 소설에서 이어도의 전설에 대한 소개나 그 섬의 정체를 밝히려는 것이 아니라 그 섬이 어떻게 우리들의 삶을 거꾸로 간섭해 왔고, 또 모습지어 왔는가를 보여 주려는 의도에서 이 소설을 쓰게 되었다고 말한 바 있다. 그는 이어도를 통해 피안의 그것이 아닌, 현실의 삶의 참 모습을 찾아본 것이다.

인간의 삶에서는 때로 실제로 드러나는 모습이 없는 것이라 하더라도 가시적인 사실보다 허구 쪽에서 더 깊은 진실을 발견할 수 있는 경우가 있다. 그러한 면에서 〈이어도〉는 오늘을 살아가는 우리들에게 삶의 진정한 참 모습을 발견할 수 있게 하는 소설이 되고 있다. 우리 고유의 서정성과 한의 뿌리를 찾는 하나의 시도라 할 수 있는 이 소설은 인생의 의미에 대한 탐구를 시도하고 있는, 가장 한국적인 소설 중의 한 편이라 해야 할 것이다.

세계의 명저 명작

인쇄일 초판 1쇄 2006년 02월 20일
        2쇄 2017년 08월 25일
발행일 초판 1쇄 2006년 02월 28일
        2쇄 2017년 08월 25일

지은이 장양수, 김도희
발행인 정 진 이

발행처 새미
등록일 1994.03.10, 제17-271호

서울시 강동구 성내동 447-11 현영빌딩 2층
Tel : 442-4623~4 Fax : 442-4625
www.kookhak.co.kr
E- mail : kookhak2001@hanmail.net
ISBN 978-89-5628-160-5 *13980
가 격 10,000원